华南园林树木抗台风策略研究

深圳文科园林股份有限公司 编著

中国林业出版社
·北京·

序 言

台风是自然现象，风害是天灾。我国华南沿海地区濒临西北太平洋和南海，地理位置非常特殊，易受两个海域内热带气旋的影响，是台风登陆最为集中的区域。据统计，登陆广东的台风平均每年5.2个。"乌云蔽九州，宇宙黯然休。雨扫千江吼，风哮万国愁"。台风给受灾地区的生产和生活造成巨大影响，也使当地园林绿化遭受重大损失。虽然人类社会的物质文明已经高度发达，但是台风带来的灾害并未有效缓解，我们应该敬畏自然、顺应自然。

随着科技的不断进步，纵然台风灾害具有鲜明的自然性和不可抗拒性，但其中也有人力可发挥作用之处。我们可以依靠现代科学技术，进行多学科、全过程、跨部门联合攻关，系统而深入地开展城市园林防灾减灾策略研究，以减轻台风对城市园林的破坏，从而实现滨海城市园林绿化的可持续发展。

当前业内涉及城市园林抗台风策略的专业书籍不多，深圳文科园林股份有限公司编撰出版的《华南园林树木抗台风策略研究》有相当的指导借鉴意义。该书融知识性、实用性、科学性于一体，具有很高的专业水准。该书内容丰富、论述清晰，且图文并茂，科学严谨地将城市园林防灾减灾策略深入浅出地展现在读者面前，是一本难得的佳作。为此，对本书付梓发行致以诚挚的祝贺，并乐以作序。

王定跃 博士

二〇一九年八月

王定跃：中国植物学会苏铁分会副理事长，深圳市植物学会副理事长，深圳市规划委员会发展策略委员会委员，深圳市前海深港现代服务业合作区管理局规划建设专业咨询委员会委员，深圳市梧桐山风景区管理处主任、二级研究员。

前　言

　　我国东部和南部大陆海岸线长1.8万多千米，沿海各地历来台风频发，人民饱受台风的危害。目前我国文献关于台风最早的记录是北宋初年（公元975年）在广州登陆的台风。据统计，清代268年间有记载的台风有715次；中华人民共和国成立70年来，西太平洋产生的超强台风多达243次（张德二，2004）。每次台风来临，对其所到之处人们的生产生活均会产生不同程度的不利影响。

　　在全球气候变化的影响下，我国华南沿海城市遭受台风的侵袭越来越频繁。近40年来，亚洲东部及东南部强台风的发生频率增加了2~3倍（汤剑雄，2018）。台风对我国华南沿海城市的负面影响较大，常使园林树木遭受严重破坏，对城市的自然生态系统造成极其恶劣的影响，严重威胁着人们的生命财产安全。如台风"韦森特""天鸽""山竹"等对深圳、珠海等华南地区的城市园林造成了严重损害，不仅破坏了生态平衡，而且造成了巨大的经济损失。因此，加强华南滨海城市园林系统建设，对台风灾害进行全面综合的判断和积极有效的应对预防，不仅是提高城市园林防灾减灾综合能力的迫切需要，也是贯彻落实科学发展观、促进城市可持续发展的必然要求。可见，进行华南园林抗台风策略研究很有必要。

　　目前我国滨海城市园林景观建设，往往只重视景观效果，而不注重生态效益，尤其是深受台风危害的热带和亚热带滨海城市，园林防台风策略几乎被忽略。1822号台风"山竹"给华南滨海城市造成了严重损害，同时也为人们敲响了警钟。在此背景下，文科园林组织编写了《华南园林树木抗台风策略研究》一书，从园林项目建设全过程综合应对台风灾害的视角出发，力求提出全面系统的预防策略和应对措施，在内容上突出实践性、工程性、经验性和可借鉴性，希望能为今后的园林台风灾害防治提供科学的理论依据和技术支撑，为滨海城市台风防治提供有益参考。

本书分为八个章节，揭示了国内外园林抗台风研究现状及未来发展趋势，阐述了树木的抗风性与树木根系分布、根冠比、枝条强度、树龄、病虫害以及人为因素的关系，并通过对华南地区常见绿化树种的风害受损情况进行调查统计，利用层次分析法对绿化树种抗风性能进行分级，旨在为华南沿海城市绿化树种的选择提供依据。书中还提出了园林抗风性种植原则与配置原则，针对不同抗风树种提出相应的防风减灾措施和灾后应急管理措施，通过在规划设计阶段、施工阶段、管养阶段采取相应措施增强园林树木的抗风性，做好防风应急预案，建立台风灾害应急决策支持系统，做到层层把关、步步为营，为华南滨海地区园林防风减灾提供指导。

　　本书在写作过程中借鉴和参考了台风相关课题研究人员的成果，得到了行业内各科研院校、企业及诸多专家学者的大力支持和帮助，在此一并表示感谢。希望本书能够为华南地区的园林企业和政府园林管理部门提供相关技术参考，为园林行业从业者提供有益指导，大家齐心协力为削弱台风危害、减少经济损失共同努力。

　　由于目前对于园林植物抗台风的研究尚处于初级阶段，加上时间和人员的限制，此次灾害调查范围有限，且对树木的受害评估存在一定的主观性，书中难免存在疏漏和不足之处，期待读者指正，同时也希望更多的企业或志愿者们能加入到台风过后的调查当中，继续进行深入研究，以得出更加精准的结论。

二〇一九年八月

高育慧：国家一级注册建造师，园林高级工程师，广东省园林景观与生态恢复工程技术研究中心主任，深圳文科园林股份有限公司董事、总裁。

目 录

第一章 台风灾害

1.1 台风的概念及等级划分

1.1.1 台风的概念

台风（Typhoon）是热带气旋（Tropical Cyclone，TC）的一个类别。热带气旋是发生在热带或亚热带海面上的气旋性环流，它是一种暖中心的低压系统，常伴有暴雨的发生，会给受影响地区造成非常严重的灾害。热带气旋根据底层中心附近最大平均风速和风力可以分为6个等级，从小到大依次为热带低压、热带风暴、强热带风暴、台风、强台风和超强台风。根据《热带气旋等级》国家标准（GB/T19201-2006），底层中心附近最大风力达到12级（32.7m/s）以上的热带气旋才被称为台风、强台风或超强台风，然而，我国把中心风力达到8级以上的都统称为台风（张丽杰，2018；李曾中，2016）。

1.1.2 台风等级划分

为了加强对台风的分析研究，以便提出科学的应对之策，对台风的强度进行分级就显得尤为重要。不同的机构根据不同的划分指标或标准，有不同的划分结果。

北大西洋、东北太平洋、中北太平洋地区采用萨菲尔—辛普森飓风风力等级划分方法（表1-1）。

▼ 表1-1 萨菲尔—辛普森飓风风力等级划分

级 别	风 速
五	≥252km/h
四	209~251km/h
三	178~208km/h
二	154~177km/h
一	119~153km/h

在西北太平洋，日本气象厅的热带气旋等级划分如表1-2。中国气象局的热带气旋等级划分如表1-3。

▼ 表1-2 日本气象厅的热带气旋等级划分

级 别		持续风速
台风	猛烈的	≥194km/h
	非常强的	157~193km/h
	强的	118~156km/h
强烈热带风暴		88~117km/h
热带风暴		63~87km/h
热带低气压		≤62km/h

▼ 表1-3 中国气象局的热带气旋等级划分

热带气旋等级	底层中心附近最大平均风速（m/s）	底层中心附近最大风力（级）
热带低压（TD）	10.8~17.1	6~7
热带风暴（TS）	17.2~24.4	8~9
强热带风暴（STS）	24.5~32.6	10~11
台风（TY）	32.7~41.4	12~13
强台风（STY）	41.5~50.9	14~15
超强台风（SuperTY）	≥51.0	16 或以上

1.2 台风的气候概况

台风能给广大的影响地区带来充沛的雨水，具有破坏力大、突发性强等特点，且常伴有水涝等次生灾害的发生，被认为是世界上最严重的自然灾害之一。强烈的台风通常伴有狂风、暴雨、泥石流等，有时还会给沿海地区造成风暴潮灾害，具有极强的破坏力，会给受影响地区造成不可估量的经济损失和人员伤亡，造成的影响有些很难在短时间内恢复（许士斌，2010）。

1.2.1 全球台风生成的地域分布

热带气旋是一种在海洋上发生的灾害性天气。地球上70%以上都是海洋，但是并不是所有有海洋的地方都会生成热带气旋，它们只会在几个相对固定的区域发生（图1-1）。

（1）西北太平洋（包括中国南海）是热带气旋生成频率最高的区域，平均每年生成个数占全球热带气旋的33%，且有相当数量的西北太平洋热带气旋会发展成台风。西北太平洋绝大部分热带气旋发生在110°E~170°E、5°N~35°N的范围内。我国紧靠西北太平洋，是全世界受台风影响最为严重的少数几个国家之一。

（2）全球台风大约20%在西南太平洋生成，主要影响澳大利亚及大洋洲各国。

（3）全球台风大约18%在东北太平洋生成，主要影响墨西哥、夏威夷、太平洋上的岛国，罕有情况可影响加利福尼亚及中美洲的北部地区。

（4）全球台风大约11%在南印度洋生成，主要影响印度尼西亚、澳大利亚、马达加斯加、莫桑比克、毛里求斯、留尼汪岛等地。

（5）全球台风大约11%在北大西洋生成，主要影响美国东岸及墨西哥沿岸各州，其影响可达委内瑞拉、加拿大等国。

（6）全球台风大约7%在北印度洋(含孟加拉湾、阿拉伯海)生成，主要影响印度、孟加拉、斯里兰卡、泰国、缅甸等国。

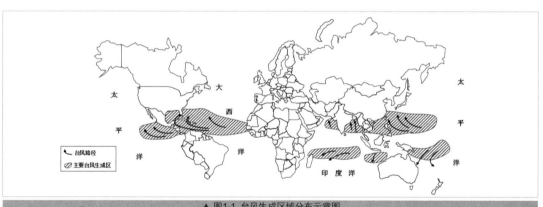

▲ 图1-1 台风生成区域分布示意图

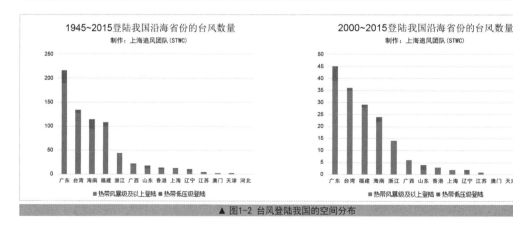

▲ 图1-2 台风登陆我国的空间分布

1.2.2 华南台风时空分布

1.2.2.1 华南台风空间分布

上海追风团队对1945~2015年登陆我国沿海省份台风数量所做的统计数据（图1-2）显示，广东、台湾、海南、福建等是我国受台风影响最多的省份。总体来看，华南是受台风影响最严重的区域，其中广东最为突出。

1.2.2.2 华南台风时间分布

根据有关数据统计，从2000~2015年间每个月产生台风的数量可以看出，台风活动具有明显

的季节特征，主要发生在夏季和秋季。登陆我国的台风主要集中在7、8、9月份，其数量占全年的82.1%，以8月份最多（图1-3）。

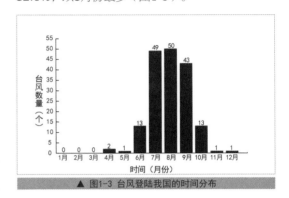

▲ 图1-3 台风登陆我国的时间分布

1.3 台风对我国东南沿海城市造成的灾害

西北太平洋是世界上热带气旋活动最频繁且强烈的区域，平均每年有20多个台风生成，约占全球热带气旋生成总数的1/3（袁金南等，2008）。我国是西太平洋沿岸受台风影响最严重的国家之一，台风发生频率高、突发性强，且具有群发性显著、影响范围广、成灾强度大等特点，不仅会造成大批人员伤亡，而且对我国各经济部门都有严重的影响（吴显坤，2007）。

台风的产生地大多在5°~15°N附近的海洋区域。我国受台风侵袭相对较多，历年来每年都有1/2发生在我国，最少3次，最多达12次。台风灾害包括大风、暴雨和海潮，首先影响登陆点附近一带，有些台风登陆后受下垫面地形摩擦后减弱消失，或者很快转向离开而失去影响；也有些台风登陆强度大、深入内陆较深，而且持续时间较长。

台风具有极强的破坏力，平均每年约有1.5万~2万人死于台风灾害，台风灾害每年给全球造成的经济损失高达60亿~70亿美元（朱伟华和丁少江，2008）。

以陈玉林为核心的研究团队把台风可能登陆的海岸划分成三部分：第一部分是华南沿海城市，以广东饶平为起点，结束于广西东兴（包括海南岛）；第二部分是上海以南的东部沿海，以上海市为起点，以福建诏安为终点；第三部分是上海以北的东部沿海，即鲁、辽、冀以及江苏沿海地区和辽宁丹东以北各地（陈玉林等，2005）。

中国天气网对1949年1月1日至2017年8月31日累计登陆我国沿海城市热带气旋的统计结果（图1-4）显示：69年间，登陆广东的热带气旋（182次）占登陆我国热带气旋总数（592次）的30%；

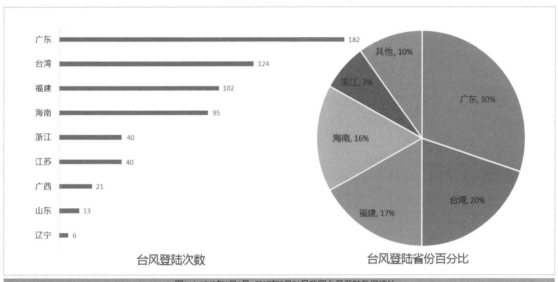

▲ 图1-4 1949年1月1日~2017年8月31日我国台风登陆数据统计

登陆台湾的热带气旋（124次）占登陆我国总数的20%；登陆福建的热带气旋（102次）占登陆我国总数的17%；登陆海南的热带气旋（95次）占登陆我国总数的16%。结果显示：登陆华南地区（广东、广西、海南）的热带气旋占登陆我国热带气旋总数的50%，远远高于登陆其他区域的热带气旋数量。

台风是一种猛烈的风暴，同时伴有暴雨的发生，目前人力难以抵挡台风，我们只能敬畏自然。对于园林行业而言，客观上台风摧毁园林树木的力量无法抵挡，而设计滥用速生树种、施工偷工减料、管养不到位等人为因素将使台风带来的灾害更加严重。因此，如何有效判断植物抗风能力的强弱、合理地配置和利用植物资源、减轻台风损害就显得尤为迫切。

福建地处中国东南部、东海之滨，受太平洋温差气流影响较大，每年平均有4~5次台风登陆，且多集中在7~10月份。2016年9月15日，第14号台风"莫兰蒂"正面袭击厦门市，其最大瞬时风速达17级，是中华人民共和国成立以来厦门市遭受最严重的一次台风灾害（图1-5）。据厦门官方数据，该市因"莫兰蒂"台风造成树木倒伏达65万株，绿化受损面积达90%，其中行道树及公园乔木连根拔起的情况占总受创树木的50%。其中，羊蹄甲（*Bauhinia blakeana*）、腊肠树（*Cassia fistula*）、美丽异木棉（*Ceiba speciosa*）、凤凰木（*Delonix regia*）、高山榕（*Ficus altissima*）、垂叶榕（*Ficus benjamina*）、菩提榕（*Ficus religiosa*）、黄槿（*Hibiscus tiliaceus*）等树种倒伏情况严重，整体为I级程度受损（陈峥和黄颂谊，2018）。

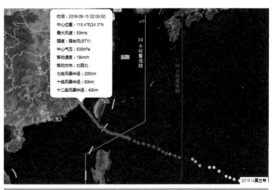

▲ 图1-5 台风"莫兰蒂"路径（来源：中国台风网）

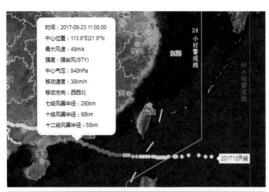

▲ 图1-6 台风"天鸽"路径（来源：中国台风网）

▲ 图1-7 台风"天兔"路径（来源：中国台风网）

广东是我国台风登陆最为集中的省份，每年均有台风登陆。据资料统计，2017年13号台风"天鸽"在广东珠海金湾区登陆（图1-6），登陆时中心最大风力14级，是珠海市历史上最严重的台风灾害，受灾人数64.14万人，受损房屋7074间，直接经济损失达204.5亿元。同时，本次灾害还造成珠海市城区范围树木倒伏折断40多万株，其中小叶榕（Ficus microcarpa）、大叶榕（Ficus virens）、橡胶榕（Ficus elastica）、木棉（Bombax malabaricum）、美丽异木棉、红花羊蹄甲（Bauhinia blakeana）、宫粉羊蹄甲（Bauhinia

variegata）等树种出现较多I级受损，其受损部位集中于主干和一级分枝，表现为主干、一级分枝折断或连根拔起，较多出现风斜和偏冠现象（黄颂谊等，2017）。

2013年第19号台风"天兔"在广东惠来到台山一带沿海登陆（图1-7），造成广东省汕头、汕尾、揭阳等11市65县（区、市）971.7万人受灾、30人死亡，直接经济损失达198.5亿元。汕头市道路和平台倒伏树木3800株（其中有大树1985株），公园基础设施受损严重，倒伏树木1078株（吴剑光等，2013）。

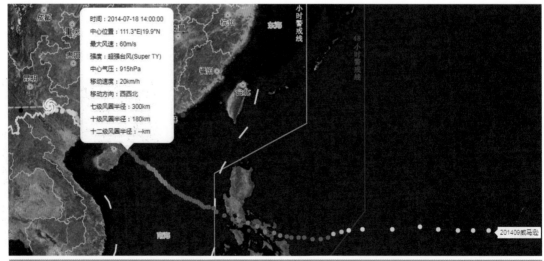

▲ 图1-8 台风"威马逊"路径（来源：中国台风网）

海南岛及其附属岛屿位于我国大陆最南端，地处"台风走廊"，海岸线长约1528km，平均每年都会有2~3个台风登陆，次数最多达6次，属于台风多发地。2014年7月，第9号超强台风"威马逊"在海南省文昌市翁田镇沿海登陆（图1-8），登陆时中心附近最大风力17级（60m/s），中心最低气压910hPa，为1973年以来袭击海南的最强台风。海南全省有18个市县、216个乡镇、25.8万人受灾，造成直接经济总损失108.28亿元。台风"威马逊"造成海口市倒伏、折断树木达96种、42396株，其中折断树木达23323株，连根拔起与被吹弯斜的树木达3100株。受害树种中，35.4%为重度受害，平均受害等级均在IV级及以上，主干道的行道树以枝条韧性较差、树冠较大的树木为主，如高山榕、大叶榕、法国枇杷（*Terminalia catappa*）、白兰（*Michelia alba*）等，其中以红花羊蹄甲受灾最严重（平均受害级 13.92，受害指数

2.78），其次为爪哇木棉（*Ceiba pentandra*，平均受害等级10.39，受害指数2.08）、非洲楝（*Khaya senegalensis*，平均受害级9.62，受害指数1.92）、印度紫檀（*Pterocarpus indicus*，平均受害级8.83，受害指数1.77）、秋枫（*Bischofia javanica*，平均受害级7.23，受害指数1.45）（杨东梅等，2015）。

2011年17号台风"纳沙"在海南省文昌市翁田镇沿海登陆（图1-9），造成全省18个市县受灾，受灾人数377.2万，全省直接经济损失达58.14亿元。强台风"纳沙"导致海口市树木倒伏、折断约82070株，其中市政道路和公园绿地倒伏大树（直径30cm以上）约7230株，被水浸泡绿地26.5hm²，造成绿化直接经济损失约4000万元（易建阳，2011）。其中，遭受损害最重的树木为小叶榕、垂叶榕、印度紫檀和非洲楝等（付晖和朴永吉，2012）。

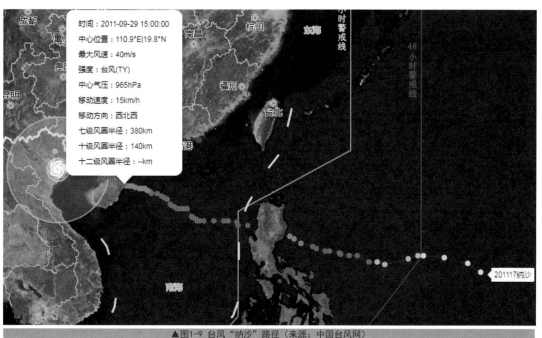

▲图1-9 台风"纳沙"路径（来源：中国台风网）

第二章 国内外园林抗台风研究进展及趋势

2.1 国外园林抗台风研究进展

美国常年遭受飓风的侵袭，因而在防护林方面进行了大量的研究，在防护林树种的选择、种植方式、林带走向、网格密度、地形地貌以及生态作用等方面都有深入研究（吴显坤，2007）。James（1991）在《How Windbreaks Work》一文中表明，防风林最有效的作用区域是其下风向防风林树高2~5倍的区域，他还提出混交林的防风效果要高于纯林，同时能够营造更好的生态环境供野生动物栖息。William R. Chaney（1997）在《Should Newly Planted Trees Be Staked and Tied》一文中表明，新栽植的树种用支撑物进行固定后，根系恢复状况明显优于没固定的树种，但在粗生长方面却比未固定树木要慢。因此，他提出新栽植树种在其根系恢复后，应当拆除支撑物以提高其粗生长速度，从而提高树木自身的抗风能力。此外，他还提出了固定树木常用的一、二、三或者四个支撑物的固定方法。

美国地质调查局的研究人员利用遥感方法对超强台风"海燕"造成的菲律宾红树林扰动进行了定量研究。他们将红树林分为三个破坏等级：最小、中等和严重。台风"海燕"首次登陆菲律宾东萨马省和西萨马省时，其对红树林的破坏程度最大，随着"海燕"从东向西穿越菲律宾维萨亚斯地区，其对红树林的破坏程度随着风暴强度的减弱而减弱。然而，在台风之后的18个月内，被划分为严重、中度和轻微受损的红树林面积分别减少了90%、81%和57%，这表明红树林对强台风的抵抗力较强（Long et al.，2016）。

美国建立了完善的数据库，并在数据库的基础上预测评估自然灾害风险、自然灾害风险分级、系统统筹、跨部门整合、科学专业合作。美国自然灾害应急管理措施具体分为"灾前减灾准备—台风灾害应急响应—灾后重建"3个环节：灾前减灾准备主要是提供针对各种灾害（包括台风灾害）的技术支持，建设自然灾害监测预警系统，建立自然灾害服务信息迅速传播的平台和工作机制；灾害应急响应主要指灾害预测发生或已经发生时，通过政府组织管理，各个部门友好、有序联合响应，紧急调配资源及时应对自然灾害，科学地进行自然灾害评估；灾后重建包含灾后重新规划、恢复重建等（隋广军和唐丹玲，2015）。

德国的Erk Brudi和加拿大的Philip Van Wass-enear（2002）在《Trees and Statics: Nondistructive Failure Analysisyi》一文中提到，树木所受风害程度与风力、风向和树木自身特性有关，城市中的大树与沿海树木一样，可能会遭受同等程度的损伤；城市中的建筑物对风有阻挡作用，可明显减小台风风力，但同时也可以形成风槽，加快风速，使处在风口浪尖处的树木极易受损。

法国的Véronique Cucchi和Dither Bert（2003）

对不同栽培管理下的20年生到51年生的海岸松（*Pinus pinaster*）进行了抗风能力的对比研究，实验结果表明：①施用磷肥能增强51年生的海岸松的抗风能力；②树木的胸径、树高和冠幅同等比例增大时，树木的抗风能力会增强；③密集的树冠通过在大风中增加摆动的阻尼系数，能使地上部分和根系关系更加协调，从而减轻树木受害程度。

前苏联是最早营造防护林的国家，俄罗斯和乌克兰草原地区从1843年起就已经开始进行防护林的营造工作，1931年以后俄罗斯开始对林带保护地段的小气候因素与农业生产的关系进行研究，取得了一定的研究成果，并对林带类型、宽度、密度、结构和带距等问题展开了相关研究（曹新孙，1981）。丹麦也通过营造大面积的防护林来阻止撒哈拉沙漠的扩展，在20世纪70年代开始植树造林，并建设了一条绿色防护林带（侯倩，2011）。

Macamo等（2016）研究评估了严重旋风对红树林的影响以及14年间的响应。来自旋风前后的SPOT图像用于评估莫桑比克中部受台风影响的红树林中面积和归一化植被指数（NDVI）的变化。飓风过后11年，他们评估了森林结构和状况，对受保护的小溪和暴露的向海红树林进行取样，发现旋风Eline对47.8%面积的红树林产生了影响，2000年NDVI的减少就表明了这一点。本研究强调需要了解红树林对台风的反应，并考虑到了气候变化的频率增加可能会阻止红树林的恢复，威胁森林和相关的沿海保护。

日本作为"台风工厂"，常年遭受台风的侵袭，给国民经济造成了难以估量的损失，同时也造成大量的人员伤亡。在长期的研究和实践过程中，日本在自然灾害管理方面建立了技术含量极高的灾害管理体系（秦莲霞等，2014）。Takeshi Matsuzaki等（2004）对海岸的黑松（*Pinus thunbergii*）树冠进行风速测定，研究树冠密度对风速的影响，并对风和森林的关系、防风林的结构以及作用机理做了进一步研究，从而建立起一套完整的防风林系统，使其可以削弱台风的威力。在《Wind on Tree Windbreaks》一书中，他提出风速的削减程度受树木自身特性、种植密度、种植结构以及林带宽度的影响。

日本学者Chen等（2016）研究考察了1996年至2008年间台湾西北部桃城河上游地区台风事件引起的山体滑坡，并编制了6个台风事件的数据，分析了植被和山体滑坡的相关特征，以及该地区河流中颗粒碳对沉积物排放的影响。对10年间拍摄的不同卫星图像频段的分析表明，桃城河上游地区的归一化植被指数（NDVI）在台风事件发生前为0.47~0.63，台风事件发生后为0.38~0.46。该地区低滑坡率和高再生率表明，新的地区往往会发生零星滑坡，对植被状况影响不大。因此，台风事件后NDVI的下降是由于植被枯萎造成的季节性影响。另一方面，由于外部力量的干预，例如人类发展和开垦，该地区的山体滑坡往往发生在非森林土地上。

2.2 国内园林抗台风研究进展

国内园林防台风研究主要集中于沿海地区，内陆地区发生台风灾害较少，相关研究也较少。近年来，我国各地都在开展园林绿地建设，台风对园林绿地系统的损害引起了广泛的关注，这方面的研究也在不断深入。Jing 等（2014）在遥感数据的支持和当地气象站现有数据的基础上，对2005年8月5~8日台风"桑美"登陆区域的干旱救济进行了调查，利用实测降雨资料计算的降水异常，分析台风前后干旱状况的变化。然后，采用植被供水指数（VSWI）和归一化植被指数（NDVI）监测夏季降雨连续不足导致的抗旱情况。结果表明，根据上海地区降水的时空分布、地温、相对湿度、高温、NDVI，台风减缓了70%以上的植被干旱。

2.2.1 城市绿地防台风研究

树木的抗风性能受多方面因素的影响，没有绝对的抗风性树种。李慧仙等（2000）通过对热带风暴的灾害调查，发现植物的抗风能力主要与树冠形状、根系类型、根冠比、木材性质、生长状况等有关。朱伟华等（2001）对1999年9910号台风给深圳市绿地造成的灾害进行了研究，分析了造成损害的主要原因，制定了台风灾害影响评估等级的标准，从树种选择、管养、种植等方面探讨了防风减灾的策略，并总结出树木的抗风能力与树冠形状、根系类型、根冠比、树木材质、

生长状况等自身特性有关，同时也受风力大小及环境因素的影响。这与李慧仙的研究结果一致。

辛如如等（2004）对2003年013号台风"杜鹃"对汕头市行道树的损害情况进行了调查研究，并对汕头市抗风树种的选择以及抗风等级标准的划分提出了建议。吴显坤（2007）对深圳市和江门市的园林绿地资源进行了调查，研究分析了台风对树木的作用机理及影响树种抗风能力的原因，为城市园林预防台风、减少风害提供依据。冯景环等（2014）对2012年热带风暴"韦森特"对深圳市绿化树种的损害情况进行调查研究，对不同树种进行了抗风性评价，分析了不抗风树种的抗风缺陷以及抗风树种的抗风特性，并从设计、施工和管理养护方面探讨了防风减灾的措施和方法，并且推荐了适合华南地区的100种抗风性树种。

吴志华等（2011）将树木类型、树高、冠形、胸径、冠幅、干形通直度、叶层状况、气干密度、根系状况等9个性状作为绿化树种的综合评价指标，利用综合评价法和灰色关联度法建立园林绿化树种综合评价和分级模型，发现灰色关联度法能很好地对树种进行评价和分级。吴剑光等（2013）通过对台风"天兔"对汕头市区绿化树种造成的受灾情况进行调查研究，发现树木的受损程度受土壤的软化程度、地形因子、环境因子、

树木自身特性以及病虫害的影响，对此他们提出了相应的应对措施。汤剑雄等（2018）利用无人机航拍影像，基于Visual Studio 2010平台和AForge.NET开源框架构建了评估系统，对超强台风"莫兰蒂"造成的树木倒伏数量及其固碳释氧的生态服务价值损失开展了定量评估，对城市绿地系统的灾后重建和适应能力提升具有重要意义。

2.2.2 防护林防台风研究

我国在滨海城市建设屡遭台风破坏的惨痛教训下，逐步建立起良好的防风林防御体系，沿海的防护林体系、南方的农田防护林网和北方的防风固沙防护林体系均是我国减轻风灾的重要举措。

朱廷耀等（2001）在《农田防护林生态工程学》一书中表明，防风林的透风系数与风向有着紧密联系，当林带紧密时，林带与风向呈直角时防风效果较好；当林带较通透时，林带与风向呈一定角度时防风效果较好。防风林的防风效果与林带宽度和林带形状有关，林带宽度越大防风效果越好，矩形林带或接近矩形断面形状的林带防风效果最好。在防风林的实际构建过程中，一般采用纯林，因为混交林树种搭配比较复杂。

红树林在沿海地区的海岸防护中发挥着重要作用，陈玉军等（2000）对深圳红树林自然保护区进行的调查研究表明，红树林可以抵抗11~12级的台风，在构建红树林时应适当密植，种植带要达到一定的宽度，应将速生和慢生红树植物适当搭配，选择抗风性强的优良红树种进

行造林等。邱明红等（2016）针对台风"威马逊"对东寨港红树林造成的灾害调查表明，木麻黄(*Casuarina equisetifolia*)的受灾程度比红树林严重，而海莲(*Bruguiera sexangula*)、无瓣海桑(*Sonneratia apetala*)等红树比秋茄(*Kandelia candel*)、桐花树(*Aegiceras corniculatum*)、白骨壤(*Avicennia marina*)受损严重，并发现红树林群落的受损程度与林分密度、群落结构有关。何春高（2007）通过实验研究筛选出厚荚相思(*Acacia crassicarpa*)、大叶相思(*Acacia auriculiformis*)、马占相思(*Acacia mangium*)等5种相思树种应用于海岸防护林体系，解决了因连续栽植木麻黄造成生产力下降和地力衰退的现象，改善了防护林的树种结构及林分空间结构，对提高防护林的防护功能和美化滨海森林景观具有重要意义。

防护林在抗击台风中能起到显著的保护作用，但自身也会受到严重破坏。基干林带对防灾减灾具有决定性和关键性的作用，只有建立相当宽度的高质量基干林带，才能发挥"绿色长城"的保护作用（杨小兰等，2015）。防护林群落的构建决定了其抗风能力，刘俊等（2013）通过对10种防护林树种的早期生长特性和适宜种植模式进行研究，发现格木(*Erythrophleum fordii*)、孔雀豆(*Adenanthera pavonlna*)和非洲楝等速生树种可以作为防风林群落构建中的中上层乔木或者早期先锋树种，而长叶马府油(*Madhuca longifolia*)等慢生树种适宜作为中下层或后期演替树种。

第三章 华南园林树木台风灾害调查研究

随着全球环境与气候变迁加剧，华南地区每年6~10月常遭受台风袭击和影响，城市的绿地系统、绿化建设往往受到严重破坏。2018年9月，超强台风"山竹"侵袭华南沿海城市，城市绿化损失惨重，引起了行业内广泛热议。这里以华南地区最具代表性城市——深圳、广州为例，通过在台风"山竹"过境后2周内，对两大城市园林树木受损情况进行实地调查与分析，探讨华南沿海城市绿化可采取的台风防御措施。

3.1 台风"山竹"概况

2018年第22号台风"山竹"（强台风至超强台风级）于9月16日17时在广东台山海宴镇登陆（图3-1），登陆时中心附近最大风力达14~16级（风速45~52m/s，中心最低气压955hPa。据各地民政部门汇报统计，深圳、广州、汕头、佛山、梅州、惠州、汕尾、东莞、江门、阳江、清远、茂名、潮汕、云浮14个市66个县（市、区）共458个乡镇受灾，倒塌房屋121间，死亡4人，直接经济损失达42.49亿元（蔡敏捷，2018）。

台风"山竹"为2018年登陆我国的最强台风，具有以下特点：①强度强。9月16日，台风"山竹"登陆广东台山海宴镇时，台风强度为强台风至超强台风级，中心附近最大风力14~16级（风速45~52m/s）。②强风范围广。台风"山竹"云系庞大，直径范围达1000km。③风雨影响严重。广东南部、香港、澳门、广西南部、云南南部等地部分地区有大暴雨，局部有特大暴雨。④与当年23号台风"百里嘉"影响区域重叠，风雨的叠加效应明显（简菊芳和崔国辉，2018）。

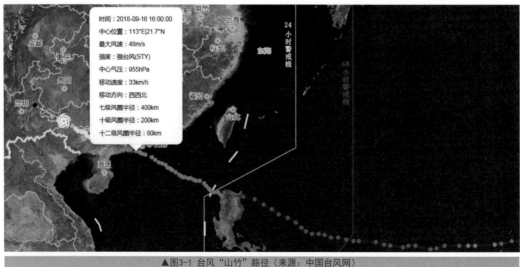

时间：2018-09-16 16:00:00
中心位置：113°E | 21.7°N
最大风速：48m/s
强度：强台风(STY)
中心气压：955hPa
移动速度：33km/h
移动方向：西西北
七级风圈半径：400km
十级风圈半径：200km
十二级风圈半径：80km

▲图3-1 台风"山竹"路径（来源：中国台风网）

3.2 华南地区绿化现状

华南地区位于我国南部，按照行政区域划分包括广东省、海南省、广西壮族自治区、香港特别行政区、澳门特别行政区。华南地区地处高温多雨、四季常绿的亚热带、热带地区，日平均气温10℃以上天数大约在300天以上，气候温暖湿润，降水丰沛，平均年降水量1400~2000mm，形成了肥沃而独特的赤红壤和砖红壤。华南地区植物种类丰富，仅维管植物就有8000多种，地带性植被包括季雨林、热带雨林和亚热带季风常绿阔叶林，大部分木本为常绿植物，有少数落叶树种。乡土树种中，落叶树种仅占17.5%。园林应用较多的植物资源主要有桑科 (Ficus elastica)、棕榈科 (Palmae)、桃金娘科 (Myrtaceae)、樟科 (Lauraceae)、木兰科 (Magnoliaceae)、壳斗科 (Fagaceae)、山茶科 (Theaceae)、茜草科 (Rubiaceae)、大戟科 (Euphorbiaceae)、苏木科 (Caesalpiniaceae)、蝶形花科 (Papilionaceae)、杜鹃花科 (Ericaceae)和蔷薇科 (Rosaceae)等（邬丛瑜等，2019）。

深圳和广州是华南地区两个典型而有特色的城市。深圳位于广东省南部沿海地区，属南亚热带海洋性季风气候，夏季高温多雨，多台风，年平均气温22.4℃。深圳市的大多数土壤为酸性土壤，赤红壤是深圳的主要地带性土壤。深圳市地带性代表植被类型为热带常绿季雨林型。经过40多年的发展，深圳已成为园林式、公园式的现代化国际性大都市（图3-2）。广州地处广东省中南部，属南亚热带典型的季风性海洋气候，具有温暖多雨、光热充足、温差小、霜期短等特点，年平均气温21.4~21.8℃，7~9月天气炎热，多台风。广州是四季常绿、花团锦簇的"花城"，其地带性植被为南亚热带季风常绿阔叶林(图3-3；邢福武，2011）。

▲图3-2 深圳市园林绿化

▲图3-3 广州市园林绿化

3.3 华南地区园林树木受台风灾害影响研究

台风"山竹"过境，对华南沿海城市园林绿化造成严重破坏。据深圳市城管局公布的数据，此次台风深圳受损树木达15万株，其中死亡清理树种1万多株、倒伏4万多株、折断9万多株，受损严重的树种主要为榕属（*Ficus*）、木棉属（*Bombax*）、风铃木属（*Handroanthus*）等，如垂叶榕、橡胶榕、大叶榕、爪哇木棉、大腹木棉（*Ceiba insignis*）、木棉、黄花风铃木、黄槐、糖胶树、火焰木等。广州市11个行政区共倒伏倾斜树木7280株，多数是连根拔起。行道树倒伏较多，主要有垂叶榕、大叶榕、非洲楝、宫粉羊蹄甲、红花羊蹄甲等品种。各区树木均有不同程度受损，以南沙和番禺影响最大（周春燕和陈育娟，2019）。

3.3.1 研究方法

3.3.1.1 实地调研

1）调查地点和时间的选取

台风"山竹"过后第二天（即2018年9月17日）至9月30日，随机筛选出几个城市公园、滨河公园和城市道路展开调查，调查时间持续2周。

深圳市调查地点包括东湖公园（152hm²）、莲花山公园（194hm²）、深圳湾公园（108hm²）、罗湖体育公园（17hm²）、大沙河公园（31.2hm²）5个公园，景田东路（南北走向，2.1km）、吉华路（东西+南北走向，10.2km）、滨河大道（东西走向，9.8km）、中山路（东西+南北走向，1.8km）、文化路（西南至东北走向，0.3km）、岭南路（西南至东北走向，0.8km）、迎宾北路（东南至西北走向，1.5km）7条城市道路，中海怡翠山庄（28万m²）、京基御景华城（21万m²）、怡景花园（28万m²）、东海国际公寓（19万m²）、万科云城（40万m²）、深圳湾1号（47.5万m²）6个居住区，覆盖福田区、南山区、罗湖区、龙岗区、盐田区、大鹏新区、龙华区等7个区。

广州市调查地点包括海珠湖国家湿地公园（150hm²）、流花湖公园（54.43hm²）、云台花园（25hm²）、珠江公园（28hm²）、越秀公园（64.35hm²）5个公园，东风西路（3km）、东风中路（2km）、中山八路（1.1km）、云城东路（4.8km）、广园中路（3.9km）、金穗路（3km）、临江大道（7.3km）7条城市道路，中海康城花园（24万m²）、华景新城（60万m²）、珠江帝景苑（65m²）、逸景翠园（40万m²）、黄埔花园（16万m²）、星河湾半岛（25万m²）6个居住区，覆盖海珠区、越秀区、天河区、白云区、番禺区等5个区。

2）调查方法

公园和居住区均采用分区调查法。将每个公园和居住区随机分成5个区域，除深圳湾公园外，每个区域均选取3个100m×100m的样方对胸径≥5m的乔木进行调查；深圳湾公园选取500m×20m的样方进行调查；城市道路则直接按照道路走向进行踏查。调查时，依次对每种植物拍照记录，记录植物的种类、风害受损情况和植株形态学指标。风害受损情况包括：主干断裂率、主干倒伏率、主干倾斜率、主枝折损率、次枝折损率、叶片撕毁率；植株形态学指标包括：树木类型、树高、干形通直度、冠幅、冠形、叶层状况、胸径、枝下高和根系状况。以上9项抗风性形态指标为祖若川在《海口市公园抗风园林植物的选择与应用》一文中通过专家咨询法和模糊优先排序法筛选得出（祖若川，2016）。

3.3.1.2 文献分析

文献分析法是通过广泛搜集园林树木抗台风研究相关领域所做的研究，进而总结分析其研究的结论与建议，将此作为研究参考，全面、系统地了解相关理论和应对策略，为研究课题奠定理论基础。我们通过网络检索、图书馆查询、专家访谈等途径，广泛搜集了与本研究有关的学术著作、研究报告、学位论文、政府部门的相关法律法规、行业规范等文献和资料，然后进行探讨分析、归纳、整理，将此作为华南园林树木抗台风策略研究的基础。

3.3.2 华南园林树木受灾影响因素分析

台风是一种伴有暴雨的猛烈风暴，客观上台风摧毁园林树木的力量无法抵挡。树木受损除了自然因素外，树木生长的立地环境条件、树木移栽年限、树木自身特性以及一些可控的人为因素等，也严重影响着树木的抗风能力。通过分析，可将影响树木抗风能力的因素归纳为以下几个方面。

3.3.2.1 树冠形状

园林台风灾害与树冠形状有关。园林树木的树冠形状是评价园林树木抗风能力的重要指标之一，包括树冠形态、冠幅大小、叶面积指数、树高等。就树冠形态、冠幅大小而言，树冠透风稀疏

▲图3-4 小叶榕和橡胶榕受台风"山竹"影响对比

的园林树种比树冠紧密的树种抗风能力强，树冠窄小的树种比树冠宽大的树种抗风能力强；就叶面积指数而言，叶面积小的园林树种比叶面积大的树种抗风能力强；就树高而言，同等条件下，园林树木的树高越矮，整株树木的重心越低，抗风能力越强（孙洪刚等，2010）。

从图3-4中可以看出，该区域在受到台风"山竹"同等影响的情况下，图左侧的小叶榕冠幅达16m，但树冠舒展通透，透风性好，受台风"山竹"影响较小；图右侧的橡胶榕树干紧凑，透风性较差，受台风影响严重，树体干枝均受损严重。可见，树冠形状对树木抗风能力影响较大，塔形、分层形等树木透风性好，受损较少；树冠形状为纺锤形、圆球形等的树木较适宜用作行道树，但其树冠大，受风面积大，受损较重。

如图3-5，本次调查中发现，黄槿受台风影响严重，大多整片倒伏或折干。究其原因，主

▲图3-5 黄槿受台风"山竹"影响状况

要是黄槿树冠冠幅较大，整株树冠紧密，且叶面积较大，导致其抗风能力较弱、易受台风影响。

3.3.2.2 树木根系分布

园林台风灾害与树木根系分布有关。树木根系固着力是评价园林树木抗风能力的重要指标之一，它主要受根系深度、根系宽幅等因素的影响。园林树种可分为深根系树种和浅根系树种，深根系园林树种（直根系长度超过80cm）的抗风能力大于浅根系园林树种（直根系长度小

于80cm；孙洪刚等，2010）。与根系深度相比，根系宽幅对园林树木抗风能力的贡献更大（Papescha *et al.*，1997）。因此，当园林树木侧根系的生长受到限制时，根系土壤固着力将变小，进而使抗风能力受到严重影响。行道树的侧根系生长因受到树木种植穴和人行道、车行道等的限制，严重降低了根系土壤固着力，故行道树受台风"山竹"影响严重。

树木根系类型主要有直根系、须根系，以及特化的根系类型，如板根等。板根具有加固支撑的作用，如高山榕(图3-6)、大叶榕(图3-7)、人面子(*Dracontomelon duperreanum*)等树种。相对来说，深根性树种抗风性强，但由于市政道路供种树的空间较有限，受树木种植穴和人行道、车行道等的限制，树木根系无法充分伸展，使根系土壤固着力受到严重影响，因此市政道路两旁的树种极易被台风破坏。即使是根系发达的小叶榕（图3-8）等树种，也有大面积倒伏。

3.3.2.3 根冠比

园林台风灾害与根冠比有关。树木的根冠比是指根系和树冠之比，也就是树木地下部分和地上部分之比。根冠比是衡量树木树势平衡的重要指标，其大小反映出地下根系和地上树干生长的均衡程度。当根冠比大（即根系生长势大于树冠生长势）时，树木的抗风能力较强；当地上部分较地下部分生长快时，树木在外力作用下容易倒伏（图3-9）。

▲图3-6 高山榕根系发达

▲图3-7 大叶榕根系发达

▲图3-8 小叶榕受台风"山竹"影响状况

▲图3-9 小叶榕根冠比结构失调导致倒伏

城市园林绿化现阶段追求快速成景，并严格要求施工质量，因此绿地大多采用容器苗、假植苗、骨架苗。然而，刚移植的园林树木地上部分因移植过程受损较轻，景观效果好，地下部分由于移植受到不同程度的损伤，根系生长缓慢，因此，新移植树木的地上部分大于地下部分，在台风等

▲图3-10 新种植蓝花楹受台风"山竹"影响状况

▲图3-11 新种植的红鸡蛋花受台风"山竹"影响状况

▲图3-12 新种植的非洲楝受台风"山竹"影响状况

外力作用下很容易折断或倒伏。如图3-10所示，新移植的蓝花楹（*Jacaranda mimosifolia*）受台风"山竹"影响严重，整片树木倒伏。

刚移植的红鸡蛋花（*Plumeria rubra*，图3-11）、非洲楝（图3-12）等景观效果好、枝叶浓密，地上部分远远大于地下部分，因此受台风"山竹"影响严重，几乎全部树干折断或倒伏。

3.3.2.4 树木枝条强度

园林台风灾害与树木枝条强度有关。树木枝条韧性、易曲性好，主干、主枝等不易折断，则树木抗风性较强；相反，枝条韧性差、较脆的树种，易发生主干、侧枝折断现象。易折断的树种有南洋楹（*Albizia falcataria*）、盾柱木（*Peltophorum pterocarpum*）、印度紫檀、非洲楝、红花羊蹄甲、垂叶榕、糖胶树、橡胶榕、木棉、火焰木、黄槐等。

如图3-13和图3-14，在调查中发现，南洋楹、木棉、红花羊蹄甲、盾柱木等枝条韧性差、较脆，主干和侧枝易发生折断，应尽量避免在台风易发路段或风口处种植。在日常养护中，特别要对此类树种进行修剪养护。

3.3.2.5 树龄、病虫害

园林台风灾害与树龄、病虫害有关。随着树龄的增长，树木木质化比例逐渐增加，柔韧度逐渐降低。幼龄树的风害多数为树干弯曲，发生折干和掘根的可能性很小。台风可能导致幼树上部树干弯曲或根部树干弯曲，其中，上部树干弯曲在风害停止后将逐步恢复生长；若主干和侧枝的顶芽受到强风胁迫和物理损伤，幼树生长势将变差

▲图3-13 南洋楹、木棉受台风"山竹"影响状况

▲图3-14 红花羊蹄甲、盾柱木受台风"山竹"影响状况

或导致树冠形状发生变化。根部树干弯曲的幼树恢复程度主要取决于树干弯曲状况。

随着树木生长势衰弱，树木抗逆性变差，感染某些病原菌的几率会变高。一旦致病菌群体增加，树体变弱，真菌可能从髓部向外侵袭，使树干强度变差，即"外强中干"，此时容易发生风折。

如图3-15和图3-16，人面子和番石榴（Psidium guajava）感染了某些病原菌群体，树体逐渐变弱，受台风影响，树体容易在感染部位发生风倒、劈裂或风折。因此，在园林树木日常养护阶段，应特别注意病虫害防治，发现病虫害应及时处理。

▲图3-15 人面子感染部位劈裂

▲图3-16 番石榴感染部位断裂

3.3.2.6 人为因素

通过对台风"山竹"对华南园林绿化景观造成影响的调查发现，排除台风不可抵抗的客观因素，许多可控的人为因素加重了台风灾害的影响程度。具体包括：①在规划设计阶段，受台风影响频繁的路段或风口等敏感路段的树种选择未充分考虑抗风因素，仅考虑了景观效果或速生树种；②在工程施工阶段，树穴大小未严格按照绿化行业标准执行，频繁的地下管线、水管改造等交叉施工引发园林树木根系受损和种植穴变小，影响树木根系的固着力，进而导致园林树木的抗风能力受到严重影响；③在养护阶段，护树设施存在设计不合理和老化现象，未定期进行巡检。园林树木的日常修剪养护不到位，导致树木的透风性不良，间接加大了受灾的损害程度。具体表现在以下方面：

1）规划设计阶段

城市园林绿化奉行快速绿化模式是其受台风"山竹"影响惨重的主要原因之一。此次台风导致园林树木受损严重，使我们不得不重新审视快速绿化模式对城市绿化健康发展带来的不良影响。在规划设计阶段，快速绿化模式主要体现在较多使用速生树种、滥用大树和急于追求景观的即时效果。新栽植的高大苗木不如矮小的苗木抗风，因为树木根系的生长往往需要一个过程，短时间内根系很难扎根于土壤深处，滥用大树会造成头重脚轻的现象，当树木遭受台风袭击时，早期极易倒伏。

台风灾害调查结果显示，城市园林绿化速生树种受台风影响严重。如图3-17，橡胶榕、美丽异木棉等速生树种受台风影响较为严重。可见，在规划设计阶段，风口区域、孤植树的植物选择要充分考虑抗风因素，对于速生树种、园林大树，可以采取片植或群植等种植方式。

▲图3-17 城市园林绿化滥用速生树种

2）工程施工阶段

园林施工过程中未严格执行行业标准《CJJ82-2012园林绿化工程及验收规范》，也是影响因素之一。城市绿地的土质一般不能达到要求，往往需要更换种植土。施工过程中，种植穴的填挖深度往往过窄过浅，很大程度上限制了园林树木根系的伸展，导致树木抗风能力降低。园林树木种植时，没有去除种植袋或包扎网，导致

▲图3-18 园林树木种植时未拆除种植袋

▲图3-19 园林树木种植时未拆除包扎网

▲图3-20 园林树木种植时未更换种植土

树木根系生长受限。以上种种原因，都在很大程度上限制了园林树木的正常生长，进而使之容易受到台风影响。

如图3-18与图3-19，未拆除种植袋或包扎网的园林树木更容易受台风灾害的影响。树木倒伏的发生位置，往往就是未拆除的种植袋或包扎网与新土壤环境的接触位置。

城市绿化土壤总体较差，尤其是道路绿地，土壤中有相当比例的砂石、建筑垃圾等混入，因此在园林树木种植前需更换种植土，且树穴的填挖深度应远远大于树木根系土球的大小。如图3-20，未更换种植土的园林树木由于土壤砂石等缘故，树木根系与土壤的固着力受到影响，受台风影响比较严重。

3）养护管理阶段

园林树木的养护管理主要包括日常修剪、肥水管理、支撑巡检及更换、病虫害防治等。园林树木需进行日常修剪，才能保持良好的生长状态和景观效果。沿海城市易发台风，应注意进行防风修剪，尤其是对内侧枝的修剪，可避免树木因树冠过大而易受台风影响（杨建欣，2013）。平时要经常对园林树木进行巡检，特别注意树木是否有病虫害或护树设施是否存在老化现象。病虫害防治应尽量做到早发现、早处理、早治疗，护树设施若存在老化现象，要尽快进行更换。

如图3-21与图3-22为相距很近的荔枝林，图3-21的荔枝（*Litchi chinensis*）进行了日常养护修剪，受台风灾害的影响较小；而图3-22的荔枝未进行日常养护修剪，受台风灾害的影响较大，树枝有不同程度的折断。

▲图3-21 日常进行修剪处理的荔枝树受台风影响状况

▲图3-22 未进行日常修剪处理的荔枝树受台风影响状况

第四章 华南园林绿化树种抗风性综合评价

4.1 园林植物抗风性评价体系

4.1.1 建立AHP评价体系模型

本文运用层次分析法（AHP），对华南地区常见绿化树种进行风害受损综合评价和抗风性综合评价。如表4-1和表4-2所示，分别以风害受损综合评价和抗风性综合评价为目标层，以风害受损指标和植物形态学指标为指标层，建立基于AHP法的华南地区园林绿化树种抗风性评价体系（秦寿康，2003）。

▼表4-1 园林绿化树种风害受损指标体系

目标层	指标层	指标描述
风害受损	主干断裂率	双主干及以上植物一主干断裂记为主干断裂
	主干倒伏率	主干倾斜角为90°记为主干倒伏
	主干倾斜率	主干倾斜角度大于30°小于90°记为主干倾斜
	主枝折损率	主要分枝断裂记为主枝折损
	次枝折损率	次要分枝断裂记为次枝折损
	叶片撕毁率	叶片撕裂或毁坏记为叶片撕毁

▼表4-2 园林绿化树种形态学指标体系

目标层	指标层	指标描述
植株形态	树木类型	乔木；小乔木；灌木
	平均树高	树木平均生长高度
	平均胸径	树木主干离地面1.3m处直径的平均值
	平均冠幅	树木南北与东西方向宽度的平均值
	干形通直度	通直；直；不明显；弯曲
	冠形	圆柱；开张；扁圆；伞形/圆锥形
	叶层状况	浓密；密；一般；稀疏
	平均枝下高	地面到树木第一层分枝点的高度
	根系状况	发达；比较发达；一般；不发达

4.1.2 建立判断矩阵和一致性检验

运用Saaty1-9标度法构建判断矩阵，因素两两比较，如表4-3所示，即1、3、5、7、9分别表示两个因素对比时，一个因素与另外一个因素同等重要、稍微重要、明显重要、强烈重要、极端重要，2、4、6、8分别表示其中间值，倒数表示两个指标的反比较（宁惠娟等，2011）。矩阵一致性检验使用yaahp V7.5软件，当CR<0.1时，表示判断矩阵具有一致性，否则重新调整（唐东芹等，2001）。

▼表4-3 因素重要性含义

标度	含义
1	两两比较，两者同等重要
3	两两比较，前者稍微重要
5	两两比较，前者明显重要
7	两两比较，前者强烈重要
9	两两比较，前者极其重要
2, 4, 6, 8	上述两相邻判断中值
倒数	表示两个指标的反比较

4.1.3 风害受损综合评价法

各绿化树种的综合得分运用以下公式进行计算，其中w_i代表各树种风害指标的权重，c_i代表各树种风害指标的受损率（祖若川，2016）。

$$Y = \sum_{i=1}^{n} W_i * C_i$$

4.1.4 抗风性综合评价法—模糊隶属函数法

采用模糊隶属函数值法对华南地区绿化树种进行抗风性评价，抗风性隶属函数总值越大，抗风性越强。树高、冠幅、枝下高与抗风性呈负相关，各树种抗风性隶属函数总值计算公式如下（祖若川，2016；李禄军等，2006）。

若指标与抗风性呈正相关：

$$Z_{ij} = \frac{X_{ij} - X_{imin}}{X_{imax} - X_{imin}}$$

若指标与抗风性呈负相关：

$$Z_{ij} = 1 - \frac{X_{ij} - X_{imin}}{X_{imax} - X_{imin}}$$

式中：Z_{ij}表示树种i指标j的抗风性隶属函数值；X_{ij}表示树种i指标j的测定值的平均值；X_{imax}和X_{imin}分别代表各树种指标值测定值的最大值和最小值。

各树种抗风性隶属函数总值为：

$$Z = \sum_{i=1}^{n} W_j * Z_{ij}$$

式中：Z表示抗风性隶属函数总值；W_j表示抗风性形态指标权重。

4.1.5 聚类分析

通过SPSS 21分别对植物风害受损指标综合得分和抗风性形态学指标隶属函数总值进行聚类分析，从而对两种评价方法进行对比研究。

4.2 深圳市各绿地系统树种受损情况综合评价与分级

4.2.1 风害对各受损指标影响的层次分析

由层次分析法最终得到如表4-4所示的检测结果。风害受损指标矩阵的最大特征方根 λ_{max}=6.2383，判断矩阵的随机一致性比值CR=0.0378＜0.1，说明检测结果可靠。主干断裂的权重值最大；主

▼表4-4 判断矩阵及各风害受损指标权重值							
A	A1	A2	A3	A4	A5	A6	权重值
A1	1	2	3	4	5	7	0.3792
A2	1/2	1	2	3	4	6	0.2493
A3	1/3	1/2	1	2	3	5	0.1596
A4	1/4	1/3	1/2	1	3	5	0.1164
A5	1/5	1/4	1/3	1/3	1	3	0.0627
A6	1/7	1/6	1/5	1/5	1/3	1	0.0328

注：A1代表主干断裂，A2代表主干倒伏，A3代表主干倾斜，A4代表一级分枝或主分枝折损，A5代表其他分枝折断，A6代表叶片撕毁。

干倒伏其次，分别为0.3792、0.2493；叶片撕毁权重值最低，为0.0328。这表明主干断裂和主干倒伏对树木的伤害较大，而叶片撕毁对树木的伤害较小。

4.2.2 深圳市绿化树种风害受损情况综合评价

4.2.2.1 深圳市公园绿地系统风害受损情况综合评价

对深圳市公园100种常见绿化树种风害受损情况进行综合评价，并对综合评价结果进行排序。绿化树种综合评分越高，表明抗风性越弱。如表4-5所示，各绿化树种风害受损情况综合评分介于0.012与0.339之间，树种综合评分差异越大，抗风性能差异越大。

种名	主干断裂率（%）	主干倒伏率（%）	主干倾斜率（%）	主枝折损率（%）	次枝折损率（%）	叶片撕毁率（%）	综合评分（Y）	排序
▼表4-5 深圳市公园100种绿化树种风害受损综合评价								
美丽针葵	0.00	1.23	2.32	0.00	0.00	15.34	0.012	1
棍棒椰子	0.00	3.27	2.32	0.00	0.00	6.38	0.014	2
霸王棕	0.00	3.67	2.56	0.00	0.00	6.89	0.015	3
罗汉松	0.00	2.31	3.27	1.23	4.32	3.28	0.016	4
金山葵	0.00	2.34	5.34	0.00	0.00	6.89	0.017	5
老人葵	0.00	3.23	5.67	0.00	0.00	12.67	0.021	6
象腿树	3.28	0.00	3.28	0.00	0.00	15.83	0.023	7
银海枣	2.19	2.12	3.33	0.00	0.00	12.23	0.023	8
三角椰子	0.00	3.26	7.86	0.00	0.00	18.56	0.027	9
蒲葵	2.35	4.32	3.21	0.00	0.00	9.72	0.028	10
狐尾椰	2.83	3.29	5.28	0.00	0.00	10.28	0.031	11
落羽杉	2.30	1.29	4.28	4.55	6.73	9.54	0.031	12
红刺露兜树	4.12	3.53	2.98	0.00	0.00	6.86	0.031	13
椰子	4.38	3.35	4.09	0.00	0.00	6.78	0.034	14
池杉	1.34	3.45	2.41	6.38	14.36	7.28	0.036	15
油棕	2.54	1.23	3.77	0.00	0.00	59.45	0.038	16
假槟榔	3.78	2.34	3.42	0.00	0.00	48.97	0.042	17
水松	3.34	3.29	2.10	7.38	10.37	9.27	0.042	18
黄金香柳	3.42	2.12	7.39	6.23	12.34	14.34	0.050	19
四季桂	0.00	5.28	5.29	13.28	18.39	8.29	0.051	20
短穗鱼尾葵	7.29	1.22	3.49	4.39	7.29	20.25	0.053	21
鸡冠刺桐	4.29	2.31	3.27	8.28	15.38	21.20	0.053	22
龙眼	3.21	1.36	3.43	12.38	22.39	14.39	0.054	23
荔枝	2.38	4.32	5.23	11.38	13.92	16.28	0.055	24
广玉兰	1.76	5.98	7.89	8.91	10.28	15.89	0.056	25
中国无忧花	1.23	3.67	13.82	4.83	6.38	36.45	0.057	26
高山榕	4.39	5.39	3.28	7.38	14.28	18.23	0.059	27
窿缘桉	3.56	3.23	5.34	13.42	18.34	9.27	0.060	28
散尾葵	5.93	6.77	10.23	0.00	0.00	20.54	0.062	29
阴香	1.16	2.78	12.54	14.67	15.87	13.82	0.063	30
水石榕	1.23	2.13	4.91	26.29	12.39	21.20	0.063	31
波罗蜜	3.06	1.88	3.65	21.23	16.65	18.45	0.063	32
水翁	3.23	6.45	7.45	7.54	13.46	18.54	0.064	33
五月茶	2.35	9.79	3.78	7.67	16.78	17.78	0.065	34
水黄皮	1.32	2.34	3.23	19.34	28.32	28.39	0.066	35
垂枝红千层	6.98	5.89	3.98	8.38	11.28	6.82	0.067	36
香樟	5.64	4.87	6.74	9.78	11.76	16.88	0.069	37
苹婆	3.29	4.38	6.05	13.28	16.47	30.26	0.069	38
白千层	5.23	5.34	8.39	8.38	13.48	13.38	0.069	39
降香黄檀	4.29	5.45	7.34	12.39	13.34	15.38	0.069	40

（续）

种名	主干断裂率（%）	主干倒伏率（%）	主干倾斜率（%）	主枝折损率（%）	次枝折损率（%）	叶片撕毁率（%）	综合评分（Y）	排序
尖叶杜英	5.28	3.67	4.33	13.20	16.71	23.66	0.070	41
五桠果	3.89	8.72	6.82	10.29	6.29	20.28	0.070	42
苦楝	6.89	3.29	2.23	17.32	15.23	16.29	0.073	43
异叶南洋杉	6.23	2.34	10.23	9.23	18.34	16.29	0.073	44
小叶榄仁	4.37	3.43	1.32	23.49	25.38	12.38	0.075	45
海南红豆	5.24	6.76	2.65	12.43	16.87	28.86	0.075	46
蒲桃	3.78	7.28	5.32	12.38	17.39	28.39	0.076	47
海南菜豆树	4.35	5.34	7.43	15.23	14.34	25.43	0.077	48
朴树	6.93	2.28	3.19	21.49	19.04	12.40	0.078	49
人面子	6.32	4.31	3.32	14.23	23.48	21.39	0.078	50
莫氏榄仁	4.51	7.28	10.24	13.43	10.32	14.20	0.078	51
复羽叶栾树	2.38	9.03	8.61	14.63	18.29	23.34	0.081	52
铁冬青	7.39	2.38	7.83	13.28	26.38	13.89	0.083	53
假苹婆	8.38	4.34	5.34	12.34	24.34	28.37	0.090	54
大叶榄仁	8.24	4.76	5.38	14.39	24.05	24.23	0.091	55
潺槁树	7.83	5.31	15.45	12.87	15.27	13.89	0.097	56
大王椰	20.38	0.00	0.00	0.00	0.00	60.28	0.097	57
柳叶榕	4.23	10.36	8.23	17.65	23.58	23.50	0.098	58
秋枫	7.76	13.09	5.82	11.28	16.38	14.28	0.099	59
大琴叶榕	8.32	6.24	12.34	13.45	15.00	24.54	0.100	60
麻楝	9.76	2.34	6.38	18.38	29.38	21.76	0.100	61
鱼木	7.35	8.29	9.28	16.78	17.28	23.29	0.101	62
幌伞枫	13.67	7.88	2.78	7.34	15.64	21.64	0.101	63
猫尾木	10.04	5.22	7.89	11.09	23.48	32.99	0.102	64
面包树	5.29	13.29	10.39	15.27	16.28	23.37	0.105	65
红花天料木	12.34	5.89	4.39	12.39	23.83	32.38	0.108	66
海红豆	8.23	10.23	11.70	14.29	21.20	12.34	0.109	67
红花玉蕊	6.72	10.74	6.22	23.48	19.25	26.78	0.110	68
凤凰木	5.78	4.56	3.48	18.95	70.36	20.46	0.112	69
糖胶树	12.67	4.28	7.52	17.26	26.56	17.82	0.113	70
黄钟花	11.84	12.39	20.37	1.57	5.67	11.18	0.117	71
印度紫檀	14.56	4.46	3.54	17.89	26.38	25.37	0.118	72
菩提榕	5.78	15.67	9.65	16.89	24.76	25.69	0.120	73
腊肠树	10.89	3.76	5.87	24.86	36.86	28.34	0.121	74
台湾相思	12.35	8.24	13.54	14.67	18.38	17.34	0.123	75
莲雾	14.65	3.67	2.95	21.65	29.45	33.43	0.124	76
海南蒲桃	16.56	1.87	5.76	20.54	25.76	23.72	0.124	77
石栗	6.28	13.29	15.32	23.29	21.70	10.28	0.125	78
蓝花楹	17.89	5.23	4.32	12.34	28.34	21.38	0.127	79
鸡蛋花	9.78	13.56	4.67	27.89	24.56	5.67	0.128	80

（续）

种名	主干断裂率（%）	主干倒伏率（%）	主干倾斜率（%）	主枝折损率（%）	次枝折损率（%）	叶片撕毁率（%）	综合评分（Y）	排序
大叶山楝	13.28	10.45	7.28	23.29	21.38	23.89	0.136	81
爪哇木棉	18.76	8.78	8.56	12.76	20.89	15.98	0.140	82
红花银桦	9.14	23.27	21.23	6.64	7.89	14.18	0.144	83
铁刀木	15.83	8.72	14.38	18.37	23.36	17.37	0.146	84
大叶榕	14.54	7.78	9.75	23.56	35.67	26.78	0.149	85
非洲楝	19.37	9.28	10.72	18.97	26.87	16.89	0.158	86
福建山樱花	7.39	23.29	25.34	12.34	17.45	23.34	0.159	87
宫粉羊蹄甲	20.13	10.28	4.28	24.29	54.38	11.63	0.175	88
南洋楹	23.48	8.98	7.98	18.37	39.76	23.56	0.178	89
紫花风铃木	13.89	38.21	10.27	5.14	10.15	20.26	0.183	90
美丽异木棉	32.67	5.15	2.12	16.34	35.15	17.28	0.187	91
木麻黄	27.65	3.76	1.23	29.77	44.38	26.87	0.187	92
黄花风铃木	16.78	37.17	7.09	10.67	12.67	14.32	0.193	93
大花紫薇	15.75	28.94	13.43	12.34	23.56	32.56	0.193	94
红花羊蹄甲	32.23	13.56	5.89	13.65	18.29	26.89	0.202	95
木棉	38.20	7.65	8.56	28.27	35.28	18.35	0.239	96
小叶榕	33.34	17.36	15.65	28.23	58.93	17.64	0.270	97
垂叶榕	34.37	20.38	26.34	23.43	33.46	18.23	0.277	98
黄槿	48.94	7.89	8.56	38.76	48.76	36.57	0.307	99
橡胶榕	55.57	1.14	4.65	58.43	64.00	30.57	0.339	100

注：因调查范围有限，部分树种可能存在争议。

4.2.2.2 深圳市道路绿地系统风害受损情况综合评价

对深圳市道路绿地系统50种常见绿化树种风害受损情况进行综合评价，并对综合评价结果进行排序。绿化树种综合评分越高，表明抗风性越弱。如表4-6所示，各绿化树种风害受损情况综合评分介于0.013与0.347之间，树种综合评分差异越大，抗风性能差异越大。

▼表4-6 深圳市道路绿地系统50种绿化树种风害受损综合评价

种名	主干断裂率（%）	主干倒伏率（%）	主干倾斜率（%）	主枝折损率（%）	次枝折损率（%）	叶片撕毁率（%）	综合评分	排序
银海枣	0.00	1.98	2.22	0.00	0.00	14.34	0.013	1
蒲葵	0.00	2.37	4.18	0.00	0.00	12.38	0.017	2
美丽针葵	0.00	2.38	4.61	0.00	0.00	12.89	0.018	3
狐尾椰	0.00	3.29	5.66	0.00	0.00	14.32	0.022	4
假槟榔	0.00	2.58	3.87	0.00	0.00	34.56	0.024	5
高山榕	4.38	2.50	3.74	6.89	17.54	22.89	0.055	6
小叶榄仁	3.18	4.55	4.12	11.58	13.33	14.74	0.057	7
阴香	3.65	4.78	9.54	6.44	14.76	13.69	0.062	8

（续）

种名	主干断裂率（%）	主干倒伏率（%）	主干倾斜率（%）	主枝折损率（%）	次枝折损率（%）	叶片撕毁率（%）	综合评分	排序
香樟	3.37	2.63	7.54	13.63	15.12	18.56	0.063	9
人面子	5.36	3.82	4.58	9.38	17.38	17.38	0.065	10
五桠果	4.74	3.36	4.76	13.23	16.38	17.65	0.065	11
扁桃	5.80	4.12	2.68	10.02	19.30	22.85	0.068	12
波罗蜜	5.67	2.34	3.65	16.87	21.65	14.28	0.071	13
尖叶杜英	4.76	4.53	5.12	15.32	19.02	17.64	0.073	14
杧果	5.46	5.23	4.32	11.23	18.63	25.64	0.074	15
刺桐	6.58	3.65	5.28	13.62	15.23	21.24	0.075	16
莫氏榄仁	3.85	7.19	6.37	15.56	13.21	17.63	0.075	17
海南红豆	4.74	5.93	6.55	11.25	17.65	23.30	0.075	18
复羽叶栾树	5.62	3.29	6.79	14.62	17.89	23.49	0.076	19
海南菜豆树	4.35	6.73	6.35	14.87	16.31	17.03	0.077	20
水翁	4.98	7.67	5.20	11.27	23.21	13.42	0.078	21
麻楝	6.42	4.65	5.72	15.46	18.72	18.38	0.081	22
铁冬青	3.64	4.65	8.43	17.77	26.52	15.79	0.081	23
菩提榕	6.38	8.65	6.84	9.38	16.26	19.30	0.084	24
黄槐	4.36	14.89	15.43	6.23	12.34	14.34	0.098	25
秋枫	5.43	12.21	11.66	14.37	16.38	17.38	0.102	26
白兰	8.65	8.27	11.73	9.33	16.72	28.41	0.103	27
澳洲火焰木	8.34	7.28	12.68	12.28	18.49	21.36	0.103	28
凤凰木	9.74	2.33	4.30	23.47	43.26	18.37	0.110	29
糖胶树	13.17	5.32	6.42	16.86	25.57	13.22	0.113	30
火焰木	6.32	8.53	13.54	22.36	28.53	27.41	0.120	31
铁刀木	9.32	7.47	22.15	15.18	24.51	16.28	0.128	32
大花紫薇	16.78	3.89	11.88	12.34	19.86	27.43	0.128	33
大叶榕	17.63	3.89	4.71	26.97	33.57	21.16	0.143	34
海南蒲桃	18.43	5.26	7.34	21.27	28.25	22.14	0.144	35
大王椰	35.26	0.00	0.00	0.00	0.00	63.56	0.155	36
南洋楹	22.32	6.56	5.38	13.29	43.48	21.05	0.159	37
非洲楝	23.47	6.32	9.91	21.38	25.76	15.36	0.167	38
紫花风铃木	5.18	33.37	25.45	12.32	21.11	19.62	0.177	39
黄花风铃木	11.82	28.44	24.89	16.26	17.43	12.36	0.189	40
大腹木棉	25.32	12.32	14.56	16.35	23.65	19.07	0.190	41
木棉	36.28	3.32	5.87	13.28	32.39	22.36	0.198	42
木麻黄	32.36	2.76	3.48	32.38	46.38	23.88	0.210	43
美丽异木棉	35.72	7.39	5.62	22.38	32.98	21.76	0.217	44
羊蹄甲	29.36	17.58	23.78	28.62	31.00	21.78	0.253	45
黄槿	38.64	12.37	16.73	42.81	44.56	36.57	0.294	46
红花羊蹄甲	37.63	26.24	18.37	25.39	30.77	26.89	0.295	47
垂叶榕	43.28	17.27	25.26	28.19	32.66	23.58	0.309	48
橡胶榕	58.13	0.00	1.65	50.28	76.00	21.12	0.336	49
小叶榕	44.68	23.41	28.94	32.88	43.83	22.43	0.347	50

注：因调查范围有限，部分树种可能存在争议。

4.2.2.3 深圳市居住区绿地系统风害受损情况综合评价

对深圳市居住区绿地系统50种常见绿化树种风害受损情况进行综合评价，并对综合评价结果进行排序。绿化树种综合评分越高，表明抗风性越弱。如表4-7所示，各绿化树种风害受损情况综合评分介于0.008与0.266之间，树种综合评分差异越大，抗风性能差异越大。

▼表4-7 深圳市居住区绿地系统50种绿化树种风害受损综合评价

种名	主干断裂率（%）	主干倒伏率（%）	主干倾斜率（%）	主枝折损率（%）	次枝折损率（%）	叶片撕毁率（%）	综合评分	排序
加拿利海枣	0.00	0.00	3.46	0.00	0.00	8.23	0.008	1
美丽针葵	0.00	3.56	4.78	0.00	0.00	15.34	0.022	2
老人葵	0.00	4.37	6.58	0.00	0.00	15.34	0.026	3
假槟榔	1.27	3.69	2.48	0.00	0.00	39.12	0.031	4
银海枣	3.21	5.13	4.72	0.00	0.00	8.06	0.035	5
散尾葵	2.39	7.74	8.27	0.00	0.00	23.28	0.049	6
竹柏	2.38	3.77	5.69	12.83	14.76	7.38	0.054	7
四季桂	3.46	2.32	6.34	11.46	16.96	11.23	0.057	8
龙眼	3.21	2.67	4.73	14.48	19.20	9.87	0.059	9
荔枝	3.19	1.38	3.26	20.67	17.82	9.54	0.059	10
珊瑚树	3.29	4.28	6.77	12.36	14.37	18.92	0.064	11
香樟	4.86	3.29	5.18	12.98	14.02	17.35	0.064	12
苦楝	4.67	4.23	3.14	15.68	15.23	14.66	0.066	13
波罗蜜	4.12	2.39	3.89	18.35	16.43	20.12	0.066	14
朴树	4.21	4.21	5.94	13.28	18.64	13.29	0.067	15
小叶榄仁	2.34	3.87	5.32	17.34	23.29	17.37	0.067	16
人面子	3.25	4.31	5.88	15.67	21.67	16.72	0.070	17
尖叶杜英	4.72	4.35	5.63	15.06	14.32	17.84	0.070	18
柚	5.34	6.27	7.38	6.39	18.33	16.75	0.072	19
杧果	4.35	5.48	6.55	15.38	18.56	13.23	0.074	20
蒲桃	4.28	6.43	5.32	14.32	20.30	15.36	0.075	21
锦叶榄仁	5.26	4.76	2.55	16.79	23.14	17.84	0.076	22
海南红豆	6.58	5.47	4.29	11.73	15.62	25.63	0.077	23
五月茶	3.26	9.38	12.96	13.89	12.64	11.91	0.084	24
异叶南洋杉	6.28	5.32	11.74	12.46	17.29	16.29	0.087	25
黄皮	5.47	7.18	8.25	17.64	18.29	9.36	0.087	26
鱼木	5.24	7.63	9.28	15.38	20.38	15.39	0.089	27
黄槐	3.21	15.22	12.19	9.28	7.53	13.37	0.089	28
蝴蝶果	7.88	6.93	6.12	16.38	17.42	10.26	0.090	29
大王椰	19.47	0.00	2.89	0.00	0.00	58.53	0.098	30
吊瓜树	12.32	3.48	5.38	12.38	18.73	23.33	0.098	31
人心果	7.89	6.42	8.57	18.39	23.38	9.37	0.099	32

（续）

种名	主干断裂率 （%）	主干倒伏率 （%）	主干倾斜率 （%）	主枝折损率 （%）	次枝折损率 （%）	叶片撕毁率 （%）	综合评分	排序
澳洲鸭脚木	6.73	8.39	11.23	15.27	12.89	26.83	0.099	33
莲雾	10.62	4.35	3.24	18.93	25.42	29.90	0.104	34
白兰	7.55	10.28	15.43	14.40	16.39	17.63	0.112	35
海南蒲桃	14.32	3.23	5.45	18.73	22.69	18.92	0.113	36
鸡蛋花	7.68	12.57	5.31	23.80	23.79	8.92	0.114	37
海红豆	7.69	13.45	13.82	11.51	19.07	15.74	0.115	38
蓝花楹	13.25	4.68	6.32	18.38	26.54	26.73	0.119	39
秋枫	11.67	9.38	6.58	23.89	26.47	15.34	0.128	40
洋红风铃木	5.43	25.63	27.38	12.32	17.38	18.37	0.159	41
大花紫薇	12.73	22.64	15.89	11.14	21.55	24.79	0.165	42
宫粉羊蹄甲	19.38	11.23	5.32	21.89	46.77	15.63	0.170	43
南洋楹	24.56	6.83	5.33	22.19	36.27	25.37	0.176	44
凤凰木	26.76	6.32	5.68	25.67	34.27	22.74	0.185	45
红花羊蹄甲	28.60	14.00	7.14	10.28	20.53	20.06	0.186	46
木棉	32.87	5.22	4.63	16.32	35.62	15.23	0.191	47
盾柱木	45.28	3.89	8.34	18.62	15.20	15.25	0.231	48
黄槿	30.29	20.14	15.43	29.15	32.88	28.94	0.254	49
小叶榕	26.28	21.89	24.53	33.65	43.78	19.27	0.266	50

注：因调查范围有限，部分树种可能存在争议。

4.2.3 深圳市绿化树种受损情况聚类分析

4.2.3.1 深圳市公园绿地系统树种抗风性聚类分析

对深圳市公园100种常见绿化树种风害受损情况进行聚类分析，得到如图4-1所示的聚类结果。在聚类数为20时，可将100种树种分为3类，再结合表4-5对树种风害受损的综合评分可将这3类树种分为3个等级，风害受损综合评分越高，抗风性能越差。一级抗风树种54种，占总体的54%；二级抗风树种35种，占总体的35%；三级抗风树种11种，占总体的11%。三级抗风树种种类较少，为红花羊蹄甲、宫粉羊蹄甲、黄花风铃木、紫花风铃木（*Handroanthus impetiginosus*）、木棉、美丽异木棉、大花紫薇（*Lagerstroemia speciosa*）、黄槿等观花树种，这些观花树种抗风能力虽然弱，但具有很高的观赏价值，在植物造景方面不可替代，建议种植在避风区，尽量以群植的方式种植，同时做好管养工作。木麻黄、橡胶榕、垂叶榕、小叶榕、南洋楹等非观花树种枝条也极易折断，建议少种植此类树种。在风口处宜选用鸡冠刺桐（*Erythrina cristagalli*）、龙眼（*Dimocarpus longan*）、荔枝、短穗鱼尾葵（*Caryota mitis*）、水石榕（*Elaeocarpus hainanensis*）、小叶榄仁（*Terminalia neotaliala*）、三角椰子（*Dypsis decaryi*）、银海枣（*Phoenix sylvestris*）、老人葵（*Washingtonia filifera*）等一级抗风树种，但同时也要注意修剪养护，因为抗风是相对的，没有绝对的抗风树种。

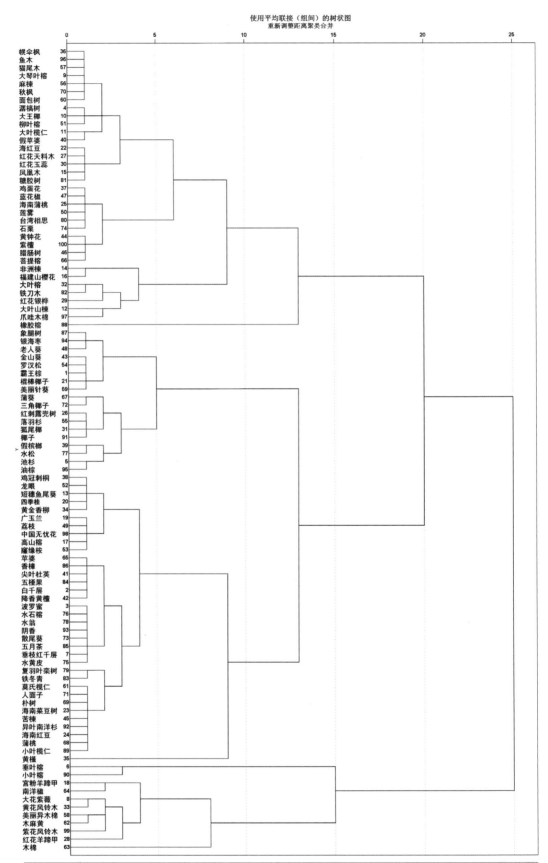

使用平均联接（组间）的树状图
重新调整距离聚类合并

▲图4-1 深圳市公园100种常见绿化树种风害受损情况聚类分析图

4.2.3.2 深圳市道路绿地系统树种抗风性聚类分析

对深圳市道路绿地系统50种常见绿化树种风害受损情况进行聚类分析，得到如图4-2所示的聚类结果。在聚类数为20时，可将50种树种分为2类，再结合表4-6对树种风害受损的综合评分，可

将这2类树种分为2个等级，风害受损综合评分越高，抗风性能越差。一级抗风树种30种，占总体的60%；二级抗风树种20种，占总体的40%。二级抗风树种同样多为观花树种，为保证景观效果，可以将此类树种群植在道路两侧的绿地，且有高大建筑物作为遮挡，应尽量避免将其作为行道树列植。行道树应选择一级抗风树种。

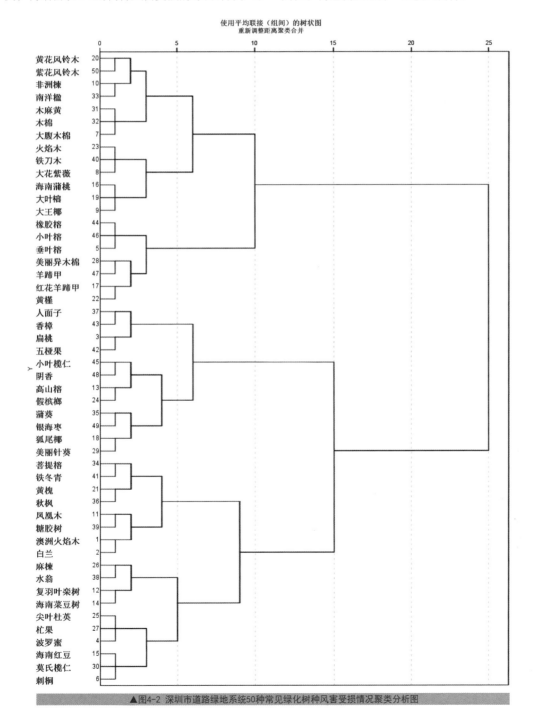

▲图4-2 深圳市道路绿地系统50种常见绿化树种风害受损情况聚类分析图

4.2.3.3 深圳市居住区绿地系统树种抗风性聚类分析

对深圳市居住区50种常见绿化树种风害受损情况进行聚类分析，得到如图4-3所示的聚类结果，可将50种树种分为2类，再结合表4-7对树种风害受损的综合评分，可将这2类树种分为2个等级，

风害受损综合评分越高，抗风性能越差。一级抗风树种40种，占总体的40%；二级抗风树种10种，占总体的10%。由于居住区高大建筑较多，各区域所受风力相差较大，如迎风面、风口区需要种植抗风性较强的一级抗风树种，二级抗风树种同样多为观花树种，为保证景观效果，应尽量将开花树种种在避风区、背风面。

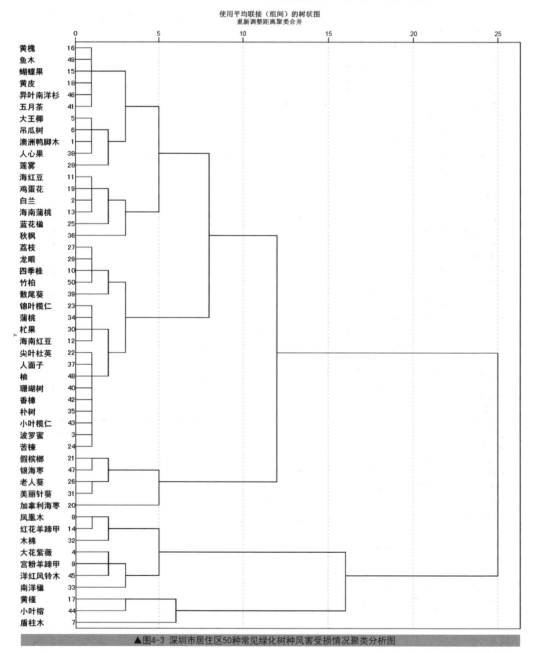

▲图4-3 深圳市居住区50种常见绿化树种风害受损情况聚类分析图

4.3 深圳市各绿地系统树种形态抗风性综合评价与分级

4.3.1 绿化树种形态指标层次分析

经过查阅文献、向专家和行业从业人员咨询，通过层次分析法最终得到如表4-8所示的检测结果，形态学指标判断矩阵的最大特征方根 λ_{max}=9.4014，判断矩阵的随机一致性比值CR=0.0344<0.1，说明检测结果可靠。由表4-8可知，平均树高的权重值最大；根系状况其次，分别为0.3121、0.2223；枝下高权重值最低，为0.0183。这表明树木的树高和根系状况对其抗风性影响较大，而叶层状况对其影响较小。

4.3.2 深圳市绿化树种模糊隶属函数法抗风性评价

4.3.2.1 深圳市公园绿地系统树种模糊隶属函数法抗风性评价

对深圳市公园100种常见绿化树种形态学指标进行抗风性评价模型构建，并对结果从低到高进行排序。绿化树种抗风性隶属函数值越大，表明抗风性越强。如表4-9所示，各绿化树种抗风性隶属函数综合评分介于0.263与0.725之间，树种隶属函数值差异越大，抗风性能差异越大。

▼表4-8 判断矩阵及形态学指标权重值

B	B1	B2	B3	B4	B5	B6	B7	B8	B9	权重值
B1	1	2	1/2	4	5	3	7	8	6	0.2223
B2	1/2	1	1/3	3	4	2	6	7	5	0.1555
B3	2	3	1	5	6	4	8	9	7	0.3121
B4	1/4	1/3	1/5	1	2	1/2	4	5	3	0.0739
B5	1/5	1/4	1/6	1/2	1	1/3	3	4	2	0.0507
B6	1/3	1/2	1/4	2	3	1	5	6	4	0.1075
B7	1/7	1/6	1/8	1/4	1/3	1/5	1	2	1/2	0.0247
B8	1/8	1/7	1/9	1/5	1/4	1/6	1/2	1	1/3	0.0183
B9	1/6	1/5	1/7	1/3	1/2	1/4	2	3	1	0.035

注：B1代表根系情况，B2代表平均冠幅，B3代表平均树高，B4代表树木类型，B5代表叶层状况，B6代表平均胸径，B7代表冠形，B8代表平均枝下高，B9代表干形。

▼表4-9 深圳市公园100种常见绿化树种形态学指标抗风性综合评价

种名	树高(Z)	胸径(Z)	冠幅(Z)	枝下高(Z)	树木类型(Z)	干型通直度(Z)	冠形(Z)	叶层状况(Z)	根系状况(Z)	隶属函数总值(Z)	排序
红花银桦	0.28	0.28	0.33	0.31	0.50	1	0.33	1.00	0.00	0.263	1
美丽异木棉	0.14	0.37	0.32	0.48	0.00	1	0.33	0.67	0.50	0.286	2
紫花风铃木	0.48	0.50	0.18	0.29	0.00	1	0.33	0.67	0.25	0.326	3
黄花风铃木	0.48	0.49	0.19	0.29	0.00	1	0.33	0.67	0.25	0.326	4
黄钟花	0.33	0.30	0.30	0.30	1.00	1	0.33	0.33	0.33	0.335	5
木棉	0.20	0.33	0.23	0.33	0.00	1	0.33	0.67	0.75	0.341	6
鸡蛋花	0.49	0.53	0.33	0.67	0.50	1	0.67	0.67	0.00	0.344	7
橡胶榕	0.25	0.15	0.25	0.25	0.00	0	0.33	0.00	1.00	0.360	8

（续）

种名	树高(Z)	胸径(Z)	冠幅(Z)	枝下高(Z)	树木类型(Z)	干型通直度(Z)	冠形(Z)	叶层状况(Z)	根系状况(Z)	隶属函数总值(Z)	排序
大花紫薇	0.32	0.26	0.32	0.28	0.00	1	0.67	0.33	0.75	0.367	9
宫粉羊蹄甲	0.50	0.49	0.42	0.60	0.00	0	0.33	0.67	0.25	0.375	10
爪哇木棉	0.25	0.34	0.43	0.40	0.00	1	0.33	0.33	0.75	0.373	11
红花羊蹄甲	0.44	0.42	0.41	0.42	0.50	0	0.33	0.67	0.25	0.379	12
黄槿	0.50	0.62	0.70	0.50	0.50	0	0.33	0.00	0.25	0.433	13
凤凰木	0.47	0.55	0.43	0.67	0.00	1	0.33	0.33	0.50	0.414	14
猫尾木	0.38	0.29	0.50	0.49	0.00	1	0.33	0.33	0.75	0.420	15
南洋楹	0.38	0.43	0.33	0.39	0.00	1	0.67	0.67	0.75	0.424	16
蓝花楹	0.30	0.33	0.45	0.53	0.00	0	0.33	1.00	0.75	0.427	17
垂叶榕	0.33	0.26	0.44	0.31	0.00	0	0.67	0.00	1.00	0.427	18
非洲楝	0.43	0.32	0.53	0.49	0.00	1	0.67	0.00	0.75	0.428	19
垂枝红千层	0.36	0.32	0.40	0.35	0.50	0	0.00	0.33	0.75	0.437	20
铁刀木	0.50	0.41	0.47	0.39	0.00	1	0.33	0.00	0.75	0.447	21
台湾相思	0.50	0.38	0.50	0.55	0.00	1	0.33	0.00	0.75	0.451	22
印度紫檀	0.34	0.75	0.49	0.21	0.00	1	0.67	0.33	0.75	0.451	23
海南蒲桃	0.47	0.48	0.48	0.63	0.00	1	0.67	0.00	0.75	0.451	24
中国无忧花	0.59	0.48	0.61	0.67	0.00	1	0.67	0.00	0.50	0.452	25
麻楝	0.45	0.52	0.43	0.49	0.00	1	0.33	0.33	0.75	0.456	26
五月茶	0.53	0.47	0.47	0.53	0.00	1	0.33	0.00	0.75	0.465	27
腊肠树	0.30	0.40	0.67	0.50	0.00	1	0.33	1.00	0.75	0.467	28
莲雾	0.43	0.67	0.55	0.51	0.00	1	0.67	0.00	0.75	0.469	29
油棕	0.47	0.50	0.50	0.47	0.00	1	1.00	0.33	0.75	0.470	30
大叶榕	0.38	0.42	0.42	0.48	0.00	1	0.67	0.33	1.00	0.477	31
糖胶树	0.45	0.38	0.47	0.34	0.00	1	0.33	1.00	0.75	0.478	32
小叶榕	0.53	0.42	0.25	0.39	0.00	0	0.67	0.00	1.00	0.479	33
人面子	0.70	0.63	0.74	0.80	0.00	1	0.33	0.33	0.25	0.488	34
银海枣	0.58	0.61	0.67	0.72	0.00	1	1.00	0.33	0.50	0.492	35
幌伞枫	0.50	0.55	0.60	1.00	0.00	1	0.00	0.00	0.75	0.494	36
白千层	0.58	0.46	0.35	0.50	0.00	1	0.33	0.67	0.75	0.494	37
铁冬青	0.48	0.79	0.44	0.71	0.00	1	0.67	0.33	0.75	0.499	38
福建山樱花	0.50	0.67	0.64	0.75	0.00	0	0.00	1.00	0.50	0.502	39
菩提榕	0.45	0.46	0.53	0.45	0.00	1	0.33	0.00	1.00	0.504	40
海南红豆	0.59	0.63	0.71	0.76	0.00	1	0.33	0.33	0.50	0.504	41
海南菜豆树	0.47	0.31	0.53	0.42	0.00	1	0.33	0.33	1.00	0.509	42
假槟榔	0.54	0.59	0.44	0.65	0.00	1	1.00	0.67	0.75	0.513	43

（续）

种名	树高(Z)	胸径(Z)	冠幅(Z)	枝下高(Z)	树木类型(Z)	干型通直度(Z)	冠形(Z)	叶层状况(Z)	根系状况(Z)	隶属函数总值(Z)	排序
红花天料木	0.48	0.43	0.33	0.49	0.00	1	0.33	0.67	1.00	0.513	44
木麻黄	0.48	0.36	0.63	0.59	0.00	1	0.33	0.00	1.00	0.519	45
霸王棕	0.58	0.56	0.55	0.50	0.00	1	1.00	0.33	0.75	0.519	46
大琴叶榕	0.67	0.38	0.62	0.45	0.00	1	0.33	0.00	0.75	0.520	47
水翁	0.49	0.58	0.71	0.62	0.00	1	0.33	0.33	0.75	0.521	48
假苹婆	0.73	0.65	0.63	0.83	0.00	1	0.00	0.00	0.50	0.522	49
窿缘桉	0.50	0.53	0.63	0.65	0.00	1	0.33	0.67	0.75	0.523	50
水黄皮	0.63	0.56	0.50	0.63	0.00	1	0.67	0.33	0.75	0.530	51
黄金香柳	0.55	0.59	0.63	0.77	0.00	1	0.33	0.33	0.75	0.530	52
苹婆	0.53	0.63	0.68	0.55	0.00	1	0.33	0.33	0.75	0.532	53
老人葵	0.56	0.65	0.84	0.72	0.00	1	1.00	0.67	0.50	0.533	54
降香黄檀	0.59	0.63	0.58	0.56	0.00	1	0.33	0.33	0.75	0.536	55
美丽针葵	0.63	0.79	0.70	0.90	0.00	1	1.00	0.33	0.50	0.537	56
异叶南洋杉	0.54	0.69	0.51	0.80	0.00	1	0.33	0.67	0.75	0.537	57
海红豆	0.65	0.53	0.55	0.52	0.00	1	0.33	0.33	0.75	0.538	58
潺槁树	0.68	0.76	0.68	0.63	0.00	1	0.33	0.33	0.50	0.539	59
红花玉蕊	0.50	0.65	0.75	0.68	0.00	1	0.33	0.33	0.75	0.539	60
广玉兰	0.73	0.63	0.50	0.58	0.00	1	0.33	0.00	0.75	0.551	61
五桠果	0.62	0.49	0.74	0.34	0.00	1	0.33	0.33	0.75	0.551	62
大叶山棣	0.52	0.63	0.73	0.48	0.00	1	0.33	0.67	0.75	0.553	63
四季桂	0.47	0.60	0.63	0.50	0.50	0	0.67	0.67	0.75	0.554	64
苦楝	0.50	0.50	0.67	0.50	0.00	1	0.67	0.33	1.00	0.562	65
蒲葵	0.63	0.78	0.80	0.67	0.00	1	1.00	0.67	0.50	0.563	66
大王椰	0.59	0.47	0.42	0.40	0.00	1	1.00	0.67	1.00	0.565	67
短穗鱼尾葵	0.71	0.61	0.75	0.79	0.50	1	0.33	0.00	0.50	0.566	68
蒲桃	0.64	0.58	0.51	0.53	0.00	1	0.33	0.00	1.00	0.572	69
面包树	0.63	0.43	0.50	0.71	0.00	1	0.33	0.33	1.00	0.572	70
象腿树	0.50	0.63	0.75	0.71	0.00	1	1.00	0.33	1.00	0.579	71
高山榕	0.66	0.67	0.47	0.68	0.00	1	0.33	0.00	1.00	0.584	72
龙眼	0.58	0.68	0.63	0.70	0.00	1	0.67	0.00	1.00	0.585	73
棍棒椰子	0.70	0.78	0.69	0.73	0.00	1	1.00	1.00	0.50	0.585	74
大叶榄仁	0.79	0.68	0.83	0.56	0.00	1	0.33	0.33	0.50	0.587	75
莫氏榄仁	0.73	0.73	0.60	0.64	0.00	1	0.33	0.33	0.75	0.594	76
石栗	0.75	0.09	0.50	0.91	0.00	1	0.33	0.67	1.00	0.595	77

（续）

种名	树高(Z)	胸径(Z)	冠幅(Z)	枝下高(Z)	树木类型(Z)	干型通直度(Z)	冠形(Z)	叶层状况(Z)	根系状况(Z)	隶属函数总值(Z)	排序
复羽叶栾树	0.67	0.50	0.88	0.71	0.00	1	0.67	0.33	0.75	0.596	78
柳叶榕	0.70	0.96	0.30	0.39	0.00	1	0.00	0.00	1.00	0.597	79
朴树	0.78	0.73	0.67	0.65	0.00	1	0.67	0.00	0.75	0.605	80
阴香	0.67	0.50	0.70	0.89	0.00	1	0.67	0.00	1.00	0.610	81
波罗蜜	0.78	0.67	0.41	0.57	0.00	1	0.33	0.00	1.00	0.612	82
狐尾椰	0.74	0.85	0.62	0.67	0.00	1	1.00	0.33	0.75	0.616	83
金山葵	0.73	0.68	0.67	0.60	0.00	1	1.00	0.67	0.75	0.617	84
秋枫	0.73	0.50	0.63	0.83	0.00	1	0.33	0.00	1.00	0.618	85
鸡冠刺桐	0.92	0.75	0.64	0.89	0.00	0	0.67	0.67	0.50	0.629	86
水石榕	0.45	0.66	0.73	0.63	0.50	1	0.33	0.67	1.00	0.630	87
水松	0.73	0.62	0.58	0.51	0.00	1	0.33	0.33	1.00	0.634	88
红刺露兜树	0.53	0.64	0.62	0.64	0.50	1	1.00	0.67	1.00	0.636	89
鱼木	0.70	0.69	0.63	0.62	0.50	1	0.33	0.67	0.75	0.639	90
池杉	0.69	0.71	0.50	0.79	0.00	1	0.33	0.67	1.00	0.639	91
小叶榄仁	0.78	0.75	0.67	0.78	0.00	1	0.33	0.67	0.75	0.643	92
荔枝	0.83	0.67	0.50	0.91	0.00	1	0.67	0.00	1.00	0.649	93
尖叶杜英	0.78	0.60	0.50	0.40	0.00	1	0.33	0.67	1.00	0.649	94
罗汉松	0.50	0.83	0.75	0.71	0.50	1	0.33	0.33	1.00	0.651	95
椰子	0.80	0.75	0.80	0.80	0.00	0	1.00	0.67	0.75	0.670	96
香樟	0.86	0.60	0.74	0.28	0.00	1	0.67	0.67	1.00	0.677	97
散尾葵	0.66	0.82	0.87	0.53	0.00	0	1.00	0.67	1.00	0.694	98
三角椰子	0.72	0.86	0.74	0.86	0.00	1	1.00	0.67	1.00	0.704	99
落羽杉	0.75	0.88	0.81	0.70	0.00	1	0.33	0.67	1.00	0.725	100

注：Z表示隶属函数值，因调查范围有限，部分树种可能存在争议。

4.3.2.2 深圳市道路绿地系统树种模糊隶属函数法抗风性评价

对深圳市道路绿地系统50种常见绿化树种形态学指标进行抗风性评价模型的构建，并对结果从低到高进行排序。绿化树种抗风性隶属函数值越大，表明抗风性越强。如表4-10所示，各绿化树种抗风性隶属函数综合评分介于0.330与0.694之间，树种隶属函数值差异越大，抗风性能差异越大。

▼表4-10 深圳市道路绿地系统50种常见绿化树种形态学指标抗风性综合评价

种名	树高(Z)	胸径(Z)	冠幅(Z)	枝下高(Z)	树木类型(Z)	干形(Z)	冠形(Z)	叶层状况(Z)	根系状况(Z)	隶属函数总值(Z)	排序
黄槐	0.24	0.34	0.32	0.48	0.50	0.75	0.33	0.67	0.25	0.330	1
紫花风铃木	0.38	0.44	0.28	0.34	0.00	0.50	0.33	0.67	0.25	0.330	2
黄花风铃木	0.43	0.46	0.19	0.37	0.00	0.50	0.33	0.67	0.25	0.334	3
白兰	0.44	0.47	0.36	0.50	0.00	0.75	0.33	0.00	0.25	0.341	4
大腹木棉	0.28	0.47	0.32	0.48	0.00	0.75	0.33	0.67	0.50	0.375	5
橡胶榕	0.32	0.20	0.19	0.25	0.00	0.25	0.33	0.00	1.00	0.395	6
黄槿	0.36	0.37	0.35	0.29	0.50	0.50	0.33	0.33	0.25	0.395	7
凤凰木	0.38	0.45	0.43	0.57	0.00	0.50	0.33	0.33	0.50	0.399	8
美丽异木棉	0.44	0.32	0.34	0.43	0.00	0.75	0.33	0.67	0.50	0.410	9

（续）

种名	树高(Z)	胸径(Z)	冠幅(Z)	枝下高(Z)	树木类型(Z)	干形(Z)	冠形(Z)	叶层状况(Z)	根系状况(Z)	隶属函数总值(Z)	排序
红花羊蹄甲	0.56	0.46	0.28	0.50	0.50	0.00	0.33	0.67	0.25	0.410	10
大花紫薇	0.32	0.43	0.34	0.28	0.00	0.50	0.67	0.33	0.75	0.423	11
海南蒲桃	0.32	0.42	0.43	0.63	0.00	0.50	0.67	0.00	0.75	0.424	12
火焰木	0.50	0.41	0.37	0.44	0.00	0.75	0.33	0.33	0.50	0.428	13
铁刀木	0.38	0.36	0.47	0.31	0.00	0.50	0.33	0.00	0.75	0.428	14
羊蹄甲	0.53	0.56	0.64	0.40	0.00	0.00	0.33	0.67	0.25	0.430	15
木棉	0.40	0.33	0.23	0.25	0.00	0.75	0.33	0.67	0.75	0.436	16
莫氏榄仁	0.42	0.36	0.32	0.27	0.00	0.50	0.67	0.33	0.75	0.443	17
小叶榕	0.33	0.28	0.42	0.39	0.00	0.25	0.67	0.00	1.00	0.453	18
南洋楹	0.38	0.43	0.33	0.39	0.00	0.50	0.67	0.67	0.75	0.458	19
非洲楝	0.43	0.32	0.53	0.49	0.00	0.50	0.67	0.00	0.75	0.461	20
垂叶榕	0.43	0.26	0.31	0.31	0.00	0.25	0.67	0.00	1.00	0.463	21
澳洲火焰木	0.63	0.42	0.42	0.35	0.00	0.75	0.33	0.33	0.50	0.476	22
大叶榕	0.28	0.32	0.50	0.44	0.00	0.50	0.67	0.33	1.00	0.481	23
海南红豆	0.54	0.64	0.60	0.72	0.00	0.50	0.33	0.33	0.50	0.497	24
麻楝	0.45	0.58	0.46	0.44	0.00	0.75	0.33	0.33	0.75	0.501	25
糖胶树	0.45	0.38	0.47	0.34	0.00	0.75	0.33	1.00	0.75	0.512	26
银海枣	0.45	0.59	0.75	0.81	0.00	0.75	1.00	0.33	0.50	0.514	27
人面子	0.68	0.59	0.78	0.80	0.00	0.75	0.33	0.33	0.25	0.518	28
菩提榕	0.56	0.42	0.31	0.39	0.00	0.75	0.33	0.00	1.00	0.532	29
美丽针葵	0.53	0.73	0.62	0.70	0.00	0.75	1.00	0.67	0.50	0.533	30
复羽叶栾树	0.49	0.53	0.63	0.68	0.00	0.50	0.67	0.33	0.75	0.537	31
假槟榔	0.49	0.54	0.49	0.42	0.00	0.75	1.00	0.67	0.75	0.546	32
大王椰	0.38	0.44	0.42	0.40	0.00	0.75	1.00	0.67	1.00	0.546	33
海南菜豆树	0.47	0.41	0.53	0.55	0.00	0.50	0.33	0.33	1.00	0.547	34
水翁	0.54	0.47	0.73	0.66	0.00	0.50	0.33	0.33	0.50	0.554	35
蒲葵	0.61	0.52	0.68	0.74	0.00	0.75	1.00	0.67	0.50	0.562	36
五桠果	0.62	0.53	0.69	0.45	0.00	0.75	0.33	0.33	0.75	0.584	37
杧果	0.54	0.68	0.50	0.65	0.00	0.75	0.33	0.00	1.00	0.587	38
铁冬青	0.63	0.68	0.58	0.59	0.00	0.50	0.67	0.33	0.75	0.588	39
刺桐	0.84	0.78	0.76	0.62	0.00	0.25	0.67	0.67	0.25	0.590	40
波罗蜜	0.63	0.62	0.53	0.63	0.00	0.75	0.33	0.00	1.00	0.614	41
木麻黄	0.58	0.63	0.63	0.78	0.00	0.75	0.33	0.00	1.00	0.618	42
秋枫	0.59	0.65	0.63	0.78	0.00	0.75	0.33	0.00	1.00	0.623	43
狐尾椰	0.64	0.71	0.68	0.67	0.00	0.75	1.00	0.33	0.75	0.627	44
高山榕	0.69	0.67	0.47	0.68	0.00	0.75	0.33	0.00	1.00	0.628	45
扁桃	0.69	0.59	0.58	0.63	0.00	0.75	0.33	0.00	1.00	0.637	46
小叶榄仁	0.72	0.68	0.66	0.63	0.00	0.75	0.33	0.67	0.75	0.647	47
尖叶杜英	0.71	0.63	0.45	0.56	0.00	0.50	0.33	0.67	1.00	0.651	48
香樟	0.73	0.73	0.69	0.56	0.00	0.50	0.67	0.00	1.00	0.682	49
阴香	0.74	0.68	0.72	0.74	0.00	0.75	0.67	0.00	1.00	0.694	50

注：Z表示隶属函数值，因调查范围有限，部分树种可能存在争议。

4.3.2.3 深圳市居住区绿地系统树种模糊隶属函数法抗风性评价

对深圳市居住区50种常见绿化树种形态学指标进行抗风性评价模型构建，并对结果从低到高进行排序。绿化树种抗风性隶属函数值越大，表明抗风性越强。如表4-11所示，各绿化树种抗风性隶属函数综合评分介于0.410与0.688之间，树种隶属函数值差异越大，抗风性能差异越大。

▼表4-11 深圳市居住区50种常见绿化树种形态学指标抗风性综合评价

种名	树高(Z)	胸径(Z)	冠幅(Z)	枝下高(Z)	树木类型(Z)	干形(Z)	冠形(Z)	叶层状况(Z)	根系状况(Z)	隶属函数总值(Z)	排序
大花紫薇	0.35	0.35	0.24	0.39	0.00	0.50	0.67	0.33	0.75	0.410	1
木棉	0.30	0.45	0.23	0.34	0.00	0.75	0.33	0.67	0.75	0.420	2
五月茶	0.34	0.45	0.39	0.47	0.00	0.75	0.33	0.00	0.75	0.424	3
宫粉羊蹄甲	0.65	0.36	0.51	0.53	0.00	0.00	0.33	0.67	0.25	0.428	4
南洋楹	0.29	0.43	0.36	0.33	0.00	0.50	0.67	0.67	0.75	0.433	5
小叶榕	0.29	0.43	0.32	0.39	0.00	0.25	0.67	0.00	1.00	0.441	6
海南蒲桃	0.45	0.42	0.36	0.52	0.00	0.50	0.67	0.00	0.75	0.452	7
鸡蛋花	0.47	0.56	0.53	0.67	0.50	0.25	0.67	0.67	0.25	0.453	8
黄槐	0.67	0.69	0.63	0.50	0.50	0.75	0.33	0.67	0.25	0.454	9
白兰	0.68	0.57	0.57	0.47	0.00	0.75	0.33	0.00	0.25	0.459	10
黄槿	0.67	0.69	0.63	0.50	0.00	0.25	0.33	0.00	0.25	0.463	11
洋红风铃木	0.67	0.54	0.48	0.54	0.00	0.50	0.33	0.67	0.25	0.466	12
蓝花楹	0.38	0.36	0.43	0.49	0.00	0.25	0.33	1.00	0.75	0.468	13
莲雾	0.43	0.53	0.47	0.43	0.00	0.50	0.67	0.00	0.75	0.474	14
盾柱木	0.39	0.41	0.44	0.44	0.00	0.50	0.67	0.67	0.75	0.477	15
红花羊蹄甲	0.65	0.58	0.48	0.47	0.50	0.50	0.33	0.67	0.25	0.481	16
凤凰木	0.56	0.55	0.52	0.67	0.00	0.50	0.33	0.33	0.50	0.482	17
海南红豆	0.55	0.58	0.67	0.65	0.00	0.50	0.33	0.33	0.50	0.503	18
吊瓜树	0.59	0.47	0.42	0.40	0.00	0.75	0.33	0.33	0.75	0.526	19
大王椰	0.45	0.34	0.34	0.42	0.00	0.75	1.00	0.67	1.00	0.545	20
柚	0.43	0.66	0.77	0.63	0.00	0.75	0.33	0.33	0.75	0.546	21
银海枣	0.65	0.54	0.67	0.79	0.00	0.75	1.00	0.33	0.50	0.558	22
人心果	0.69	0.68	0.77	0.68	0.00	0.75	0.33	0.00	0.50	0.558	23
海红豆	0.65	0.53	0.55	0.52	0.00	0.50	0.33	0.33	0.75	0.564	24
美丽针葵	0.58	0.59	0.83	0.76	0.00	0.75	1.00	0.33	0.50	0.568	25
朴树	0.63	0.59	0.64	0.65	0.00	0.50	0.67	0.00	0.75	0.572	26
黄皮	0.58	0.56	0.55	0.68	0.50	0.25	0.33	0.33	0.75	0.576	27
老人葵	0.59	0.64	0.76	0.59	0.00	0.75	1.00	0.67	0.50	0.577	28
蝴蝶果	0.56	0.65	0.84	0.12	0.75	0.75	0.33	0.00	0.50	0.577	29
苦楝	0.48	0.52	0.60	0.54	0.00	0.50	0.67	0.33	1.00	0.581	30
杧果	0.54	0.68	0.50	0.65	0.00	0.75	0.33	0.33	1.00	0.587	31

（续）

种名	树高(Z)	胸径(Z)	冠幅(Z)	枝下高(Z)	树木类型(Z)	干形(Z)	冠形(Z)	叶层状况(Z)	根系状况(Z)	隶属函数总值(Z)	排序
四季桂	0.47	0.58	0.69	0.70	0.50	0.25	0.67	0.67	0.75	0.590	32
假槟榔	0.57	0.58	0.56	0.67	0.00	0.75	1.00	0.67	0.75	0.591	33
龙眼	0.58	0.50	0.63	0.73	0.00	0.67	0.67	0.00	1.00	0.600	34
澳洲鸭脚木	0.66	0.57	0.70	0.63	0.50	0.50	0.33	1.00	0.50	0.610	35
蒲桃	0.66	0.54	0.59	0.56	0.50	0.50	0.33	0.00	1.00	0.612	36
异叶南洋杉	0.65	0.58	0.67	0.79	0.00	0.75	0.33	0.67	0.75	0.619	37
鱼木	0.63	0.61	0.58	0.62	0.50	0.50	0.33	0.67	0.75	0.627	38
小叶榄仁	0.67	0.69	0.64	0.66	0.00	0.75	0.33	0.67	0.75	0.629	39
竹柏	0.73	0.59	0.60	0.57	0.00	0.75	0.33	0.67	0.75	0.630	40
珊瑚树	0.68	0.78	0.70	0.53	1.00	0.25	0.33	0.33	0.50	0.632	41
秋枫	0.69	0.53	0.59	0.78	0.00	0.75	0.33	0.00	1.00	0.636	42
锦叶榄仁	0.67	0.63	0.74	0.58	0.00	0.75	0.33	0.67	0.75	0.637	43
波罗蜜	0.71	0.59	0.57	0.59	0.00	0.75	0.33	0.00	1.00	0.641	44
散尾葵	0.56	0.64	0.77	0.53	0.00	0.75	1.00	0.00	1.00	0.653	45
荔枝	0.73	0.67	0.55	0.68	0.00	0.50	0.67	0.00	1.00	0.655	46
人面子	0.65	0.57	0.71	0.58	0.00	0.50	0.33	0.33	1.00	0.660	47
尖叶杜英	0.73	0.64	0.53	0.58	0.00	0.50	0.33	0.67	1.00	0.672	48
加拿利海枣	0.57	0.53	0.54	0.67	0.50	0.75	1.00	0.67	1.00	0.675	49
香樟	0.86	0.60	0.56	0.58	0.00	0.50	0.67	0.00	1.00	0.688	50

注：Z表示隶属函数值，因调查范围有限，部分树种可能存在争议。

4.3.3 深圳市绿化树种形态指标抗风性聚类分析

4.3.3.1 深圳市公园绿地系统树种抗风性聚类分析

对深圳市公园100种常见绿化树种抗风性隶属函数值进行聚类分析，得到如图4-4所示的聚类结果。当聚类数为15时，可将100种树种分为3类，再结合表4-9对树种形态学指标抗风性的综合评价，可将这3类树种分为3个等级，隶属函数值越大，树种抗风性能越好。一级抗风树种40种，占总体的40%；二级抗风树种48种，占总体的48%；三级抗风树种12种，占总体的12%。三级抗风树种主要为红花羊蹄甲、黄花风铃木、木棉、大花紫薇、鸡蛋花（*Plumeria rubra* 'Acutifolia'）等观花树种。这些观花树种抗风能力虽然弱，但具有很高的观赏价值，在植物造景方面不可替代，建议将其种植在避风区，尽量以群植的方式种植，同时做好管养工作。在风口处宜选用一级抗风树种，如尖叶杜英（*Elaeocarpus apiculatus*）、罗汉松（*Podocarpus macrophyllus*）、鸡冠刺桐、水石榕、红刺露兜树（*Pandanus utilis*）、小叶榄仁、香樟（*Cinnamomum camphora*）、散尾葵（*Dypsis lutescens*）等。为保证物种多样性，在风力稍弱地带也可以选择一级和二级抗风树种搭配种植。

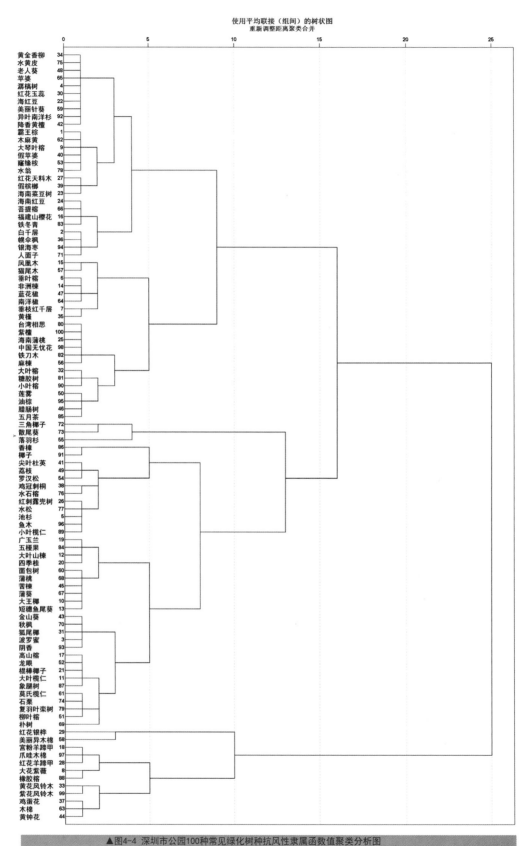

▲图4-4 深圳市公园100种常见绿化树种抗风性隶属函数值聚类分析图

4.3.3.2 深圳市道路绿地系统树种抗风性聚类分析

对深圳市道路绿地系统50种常见绿化树种抗风性隶属函数值进行聚类分析，得到如图4-5所示的聚类结果。当聚类数为20时，可将50种树种分为2类，再结合表4-10对树种形态学指标抗风性的综合评价，可将这2类树种分为2个等级，隶属函数值越大，树种抗风性能越好。一级抗风树种27种，占总体的54%；二级抗风树种23种，占总体的46%。道路绿地系统和公园绿地系统的不抗风树种基本相同，像黄花风铃木、大叶榕、宫粉羊蹄甲、木棉等观赏价值高但抗风性差的树种尽量不要列植，可在道路两旁的绿化带进行群植，同时做好管养工作。行道树应以小叶榄仁、秋枫、香樟、扁桃（*Amygdalus communis*）、杧果（*Mangifera indica*）、高山榕等抗风性强的树种为主。

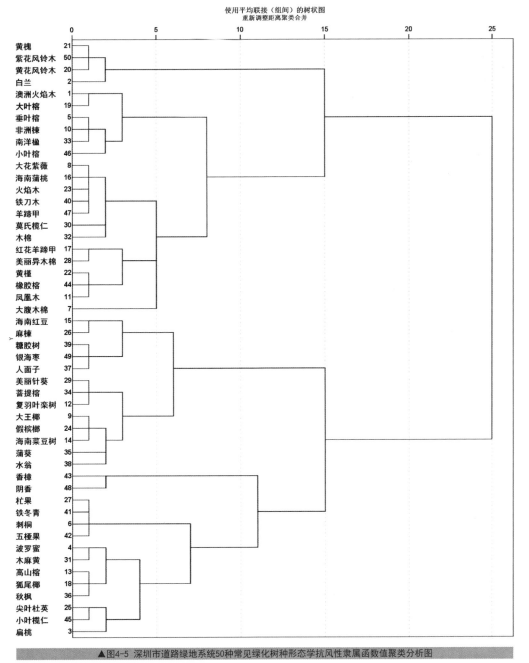

▲图4-5 深圳市道路绿地系统50种常见绿化树种形态学抗风性隶属函数值聚类分析图

4.3.3.3 深圳市居住区绿化树种抗风性聚类分析

对深圳市居住区50种常见绿化树种抗风性隶属函数值进行聚类分析，得到如图4-6所示的聚类结果。当聚类数为15时，可将50种树种分为2类，再结合表4-11对树种形态学指标抗风性的综合评价，可将这2类树种分为2个等级，隶属函数值越大，树种抗风性能越好。一级抗风树种33种，占总体的66%；二级抗风树种17种，占总体的33%。由于居住区高大建筑较多，各区域所受风力相差较大，迎风面、风口处需要种植抗风性较强的一级抗风树种，背风面、避风区可以种植二级抗风树种。

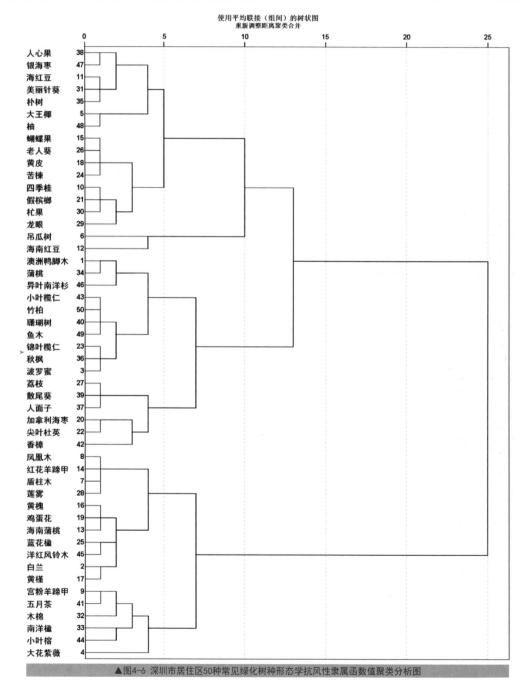

▲ 图4-6 深圳市居住区50种常见绿化树种形态学抗风性隶属函数值聚类分析图

4.4 两种评价方式对比研究

4.4.1 深圳市公园受损综合评价分级与形态学隶属函数分级对比

以深圳市公园为对象，对2种评价方式的结果进行对比研究。由图4-7可知，通过以上两种评价方式对深圳市公园100种常见绿化树种进行分析，发现一级抗风树种共有种为32种，二级抗风树种共有种为20种，三级抗风树种共有种为7种。2种聚类分级结果中有59种树种结果完全

一样，其余41种树种分类相近，没有完全相反的分级情况。

4.4.2 深圳市道路绿地受损综合评价分级与形态学隶属函数分级对比

以深圳市道路绿地为对象，对2种评价方式的结果进行对比研究。由图4-8可知，通过以上2种评价方式对深圳市道路绿地50种常见绿化树种进行分析，发现一级抗风树种共有种为21种，二级抗风树种共有种为18种。两种聚类分级结果中有39种树种结果完全一样，其余11种树种分类相近。

	一级	二级	三级
受损情况聚类分级	霸王棕、白千层、垂枝红千层、海南菜豆树、海南红豆、黄金香柳、假槟榔、假苹婆、降香黄檀、老人葵、窿缘桉、水黄皮、水翁、铁冬青、五月茶、异叶南洋杉、银海枣、油棕、美丽针葵、苹婆、人面子、中国无忧花	大王椰、大叶榄仁、大叶山棟、宫粉羊蹄甲、红花银桦、鸡蛋花、黄钟花、柳叶榕、面包树、菩提榕、秋枫、石栗、鱼木、爪哇木棉	垂叶榕、黄槿、木麻黄、南洋楹、小叶榕
	波罗蜜、池杉、短穗鱼尾葵、高山榕、广玉兰、四季桂、棍棒椰子、红刺露兜树、狐尾椰、鸡冠刺桐、尖叶杜英、金山葵、苦楝、荔枝、龙眼、罗汉松、落羽杉、蒲葵、蒲桃、朴树、三角椰子、散尾葵、水石榕、水松、五桠果、复羽叶栾树、香樟、象腿树、小叶榄仁、椰子、阴香、莫氏榄仁	潺槁树、大琴叶榕、非洲棟、凤凰木、福建山樱花、海红豆、海南蒲桃、红花天料木、红花玉蕊、大叶榕、幌伞枫、腊肠树、蓝花楹、莲雾、麻楝、猫尾木、台湾相思、糖胶树、铁刀木、印度紫檀	大花紫薇、红花羊蹄甲、黄金风铃木、美丽异木棉、木棉、橡胶榕、紫花风铃木
抗风性隶属函数聚类分级	大王椰、大叶榄仁、大叶山棟、柳叶榕、面包树、秋枫、石栗、鱼木	霸王棕、白千层、垂叶榕、垂枝红千层、假槟榔、假苹婆、降香黄檀、海南菜豆树、海南红豆、黄金香柳、黄槿、老人葵、窿缘桉、美丽针葵、木麻黄、苹婆、菩提榕、人面子、水黄皮、水翁、铁冬青、五月茶、小叶榕、异叶南洋杉、银海枣、油棕、中国无忧花	宫粉羊蹄甲、红花银桦、鸡蛋花、黄钟花、爪哇木棉

▲图4-7 深圳市公园树种两种评价方式对比分析图

	一级	二级
受损情况聚类分级	澳洲火焰木、白兰、凤凰木、海南红豆、黄槐、麻楝、莫氏榄仁、糖胶树、银海枣	大王椰、木麻黄
	扁桃、波罗蜜、刺桐、复羽叶栾树、高山榕、海南菜豆树、狐尾椰、假槟榔、尖叶杜英、杧果、美丽针葵、菩提榕、蒲葵、秋枫、人面子、水翁、铁冬青、五桠果、香樟、小叶榄仁、阴香	垂叶榕、大腹木棉、大花紫薇、非洲棟、海南蒲桃、红花羊蹄甲、大叶榕、黄花风铃木、黄槿、火焰木、美丽异木棉、木棉、南洋楹、铁刀木、橡胶榕、小叶榕、羊蹄甲、紫花风铃木
抗风性隶属函数聚类分级	大王椰、木麻黄	澳洲火焰木、白兰、凤凰木、海南红豆、黄槐、麻楝、莫氏榄仁、糖胶树、银海枣

▲图4-8 深圳市道路树种两种评价方式对比分析图

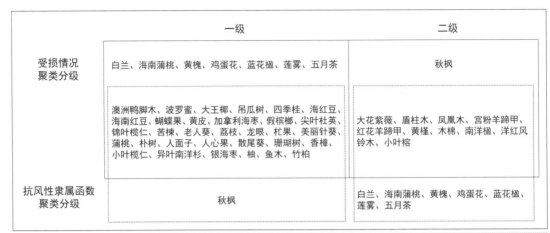

	一级	二级
受损情况聚类分级	白兰、海南蒲桃、黄槐、鸡蛋花、蓝花楹、莲雾、五月茶	秋枫
	澳洲鸭脚木、波罗蜜、大王椰、吊瓜树、四季桂、海红豆、海南红豆、蝴蝶果、黄皮、加拿利海枣、假槟榔、尖叶杜英、锦叶榄仁、苦楝、老人葵、荔枝、龙眼、杧果、美丽针葵、蒲桃、朴树、人面子、人心果、散尾葵、珊瑚树、香樟、小叶榄仁、异叶南洋杉、银海枣、柚、鱼木、竹柏	大花紫薇、盾柱木、凤凰木、宫粉羊蹄甲、红花羊蹄甲、黄槿、木棉、南洋楹、洋红风铃木、小叶榕
抗风性隶属函数聚类分级	秋枫	白兰、海南蒲桃、黄槐、鸡蛋花、蓝花楹、莲雾、五月茶

▲图4-9 深圳市居住区树种两种评价方式对比分析图

4.4.3 深圳市居住区受损综合评价分级与形态学隶属函数分级对比

以深圳市居住区为对象,对2种评价方式的结果进行对比研究。由图4-9可知,通过以上2种评价方式对深圳市居住区50种常见绿化树种进行分析,发现一级抗风树种共有种为32种,二级抗风树种共有种为10种。两种聚类分级结果中有42种树种结果完全一样,其余8种树种分类相近。

4.4.4 两种评价方法对比分析

2种分级方法对比,公园、道路绿地、居住区完全处于同一抗风等级的树种占比分别为59%、78%和84%,处于相邻抗风等级占比分别为41%、22%和16%,没有完全相反的分级情况,说明2种评价方法结果比较统一,两者相互验证,抗风性结果均较为可靠,但同时均存在不足之处。综合评价法是通过对树木的受损程度进行实地调查,通过树木在风害中的直接表现来判断树种的抗风性,更加直观,但受影响因素较多,比如树木生长环境、是否是新栽树种、管理措施是否到位等,因此,受调查范围的影响较大。比如木麻黄本身是抗风性树种,但是由于调查范围不够广,调查中所见到的木麻黄损失惨重,导致评价结果与前人研究结果相背离。模糊隶属函数法则是通过树种自身的特性评价树种的抗风性,受外界因素影响相对较小,但对树种形态学指标的判定主观性较强,也易导致评价偏差。如何将2种评价方法综合起来,避免各自不足的地方,还需要进一步做深入研究。

4.5 广州市常见绿化树种受损情况综合评价与分级

4.5.1 广州市常见绿化树种风害受损情况综合评价

对广州市80种常见绿化树种风害受损情况进行综合评价,并对综合评价结果进行排序。绿化树种综合评分越高,表明抗风性越弱。如表4-12所示,各绿化树种风害受损情况综合评分介于0.018与0.265之间,树种综合评分差异越大,抗风性能差异越大。

▼表4-12 广州市80种常见绿化树种风害受损情况综合评价

种名	主干断裂率（%）	主干倒伏率（%）	主干倾斜率（%）	主枝折损率（%）	次枝折损率（%）	叶片撕毁率（%）	综合评分	排序
美丽针葵	0.00	3.23	3.32	0.00	0.00	13.34	0.018	1
海南龙血树	1.38	3.87	2.32	0.00	0.00	11.25	0.022	2
霸王棕	0.00	5.67	4.32	0.00	0.00	5.76	0.023	3
罗汉松	0.00	4.16	4.53	3.24	5.76	4.43	0.026	4
银海枣	3.32	2.76	4.53	0.00	0.00	10.43	0.030	5
红刺露兜树	3.23	4.43	3.21	0.00	0.00	5.54	0.030	6
狐尾椰	2.45	4.32	4.45	0.00	0.00	11.45	0.031	7
蒲葵	4.32	3.23	4.77	0.00	0.00	8.32	0.035	8
池杉	2.34	2.43	4.32	4.54	10.65	8.05	0.036	9
落羽杉	3.21	3.54	3.34	4.55	5.87	8.43	0.038	10
银叶树	1.28	2.38	7.54	9.53	13.93	11.36	0.046	11
圆柏	2.76	3.87	6.87	7.98	5.87	10.76	0.048	12
短穗鱼尾葵	5.43	3.54	3.49	4.39	7.29	20.25	0.051	13
四季桂	1.54	5.55	3.54	12.65	16.65	5.63	0.052	14
荔枝	2.38	4.32	5.23	11.38	11.56	14.32	0.053	15
鸡冠刺桐	4.29	2.31	3.27	8.28	15.38	21.2	0.053	16
黄金香柳	4.3	2.12	6.88	7.54	11.69	15.43	0.054	17
龙眼	3.21	1.36	3.43	12.38	22.39	14.39	0.054	18
血桐	2.43	4.23	6.38	8.33	12.03	26.84	0.056	19
柚木	3.27	2.73	4.27	10.72	11.27	38.73	0.058	20
散尾葵	5.43	7.54	9.43	0.00	0.00	16.54	0.060	21
垂枝红千层	5.54	5.43	4.54	7.87	15.43	4.87	0.062	22
雨树	4.32	4.96	5.53	9.86	12.38	18.38	0.063	23
水黄皮	2.54	3.54	4.54	16.54	20.65	17.54	0.064	24
高山榕	5.75	6.43	3.54	6.97	11.55	17.54	0.065	25
阔荚合欢	3.82	5.38	7.77	9.54	13.92	14.82	0.065	26
五月茶	4.43	7.54	4.54	7.77	14.54	16.54	0.066	27
阴香	2.43	3.65	11.65	13.65	15.65	15.65	0.068	28
香樟	5.43	5.54	6.64	8.53	13.54	14.65	0.068	29
印度紫檀	3.82	4.17	5.98	14.73	16.09	20.83	0.068	30
波罗蜜	4.54	2.65	4.54	18.65	17.44	15.43	0.069	31
降香黄檀	3.54	5.65	8.54	11.29	14.54	16.65	0.069	32
水翁	5.54	8.54	6.54	5.65	10.43	15.64	0.071	33
蒲桃	3.65	6.76	6.77	10.65	15.64	25.89	0.072	34
白千层	6.54	6.54	7.43	6.54	11.65	14.54	0.073	35
尖叶杜英	5.28	4.76	4.76	14.54	15.47	20.12	0.073	36
翻白叶树	4.21	5.29	4.88	16.07	14.13	27.38	0.073	37
苹婆	4.54	5.64	7.43	11.54	14.54	26.54	0.074	38
马占相思	5.76	9.43	7.53	5.54	9.02	15.43	0.075	39
小叶榄仁	4.65	4.32	5.54	17.65	20.65	13.54	0.075	40

（续）

种名	主干断裂率（%）	主干倒伏率（%）	主干倾斜率（%）	主枝折损率（%）	次枝折损率（%）	叶片撕毁率（%）	综合评分	排序
异叶南洋杉	5.54	3.86	9.99	10.74	16.65	17.85	0.075	41
水松	3.57	4.12	3,45	10.21	9.54	9.44	0.078	42
莫氏榄仁	3.98	6.76	12.54	11.06	13.44	15.85	0.078	43
朴树	5.65	3.54	4.23	20.54	23.65	12.4	0.080	44
假苹婆	6.53	5.32	4.98	10.65	21.54	25.67	0.080	45
大叶相思	4.98	12.87	5.54	7.89	11.86	16.75	0.082	46
海南菜豆树	5.67	5.66	8.3	13.05	16.76	23.54	0.082	47
人面子	5.85	5.65	4.87	15.65	20.31	22.76	0.082	48
铁冬青	7.43	3.74	7.77	14.97	23.86	15.63	0.087	49
阳桃	5.73	6.83	9.66	16.37	15.83	16.91	0.089	50
大王椰	18.65	0.00	0.00	0.00	0.00	54.89	0.089	51
大叶榄仁	7.98	5.76	5.74	12.43	22.63	21.75	0.090	52
潺槁树	6.87	5.55	14.37	13.75	14.96	13.89	0.093	53
二乔玉兰	5.73	8.27	11.34	15.28	14.38	25.37	0.096	54
麻楝	8.54	4.65	6.54	15.64	27.64	23.05	0.098	55
秋枫	6.53	12.65	6.84	13.87	14.75	17.75	0.098	56
大琴叶榕	7.88	5.97	14.74	13.65	13.75	22.97	0.100	57
腊肠树	7.86	5.65	6.43	20.05	32.75	25.74	0.106	58
海红豆	7.54	9.64	11.70	15.76	23.63	13.53	0.109	59
凤凰木	5.78	5.55	5.72	18.64	58.96	18.42	0.110	60
红花天料木	11.75	6.66	6.32	12.75	24.75	29.64	0.111	61
鸡蛋花	5.78	13.56	4.67	26.75	23.85	10.75	0.113	62
糖胶树	12.74	5.72	6.48	16.34	24.66	18.95	0.114	63
红花玉蕊	7.85	12.63	7.42	23.48	21.67	24.41	0.122	64
莲雾	16.54	6.54	5.87	16.75	24.75	26.53	0.132	65
海南蒲桃	18.33	5.76	5.69	16.73	23.76	23.72	0.135	66
台湾相思	12.56	10.76	13.65	15.64	22.67	23.65	0.136	67
蓝花楹	19.75	5.76	5.87	12.34	28.34	21.38	0.138	68
非洲楝	17.65	10.54	9.63	16.99	23.54	17.39	0.149	69
大叶榕	14.54	8.65	9.75	22.87	35.67	25.37	0.150	70
南洋楹	19.65	11.54	9.65	16.42	36.85	14.43	0.166	71
宫粉羊蹄甲	17.50	11.61	5.13	23.01	48.63	16.75	0.166	72
美丽异木棉	30.53	6.32	4.16	15.43	31.54	18.53	0.182	73
黄花风铃木	14.42	35.43	8.43	11.65	13.76	15.65	0.184	74
红花羊蹄甲	27.53	14.70	6.74	15.54	18.53	19.42	0.188	75
大花紫薇	16.32	26.42	16.65	17.53	21.63	26.52	0.197	76
木棉	35.53	8.42	7.42	26.43	33.50	19.05	0.226	77
橡胶榕	40.52	2.36	3.18	36.73	36.74	29.54	0.240	78
黄槿	35.89	8.93	7.03	30.70	46.13	33.61	0.246	79
小叶榕	32.21	18.43	16.17	25.18	55.49	20.54	0.265	80

4.5.2 广州市常见绿化树种风害受损情况聚类分析

对广州市80种常见绿化树种抗风性隶属函数值进行聚类分析，得到如图4-10所示的聚类结果。当聚类数为15时，可将80种树种分为3类，再结合表4-12对树种形态学指标抗风性综合评价，可将这3类树种分为3个等级，隶属函数值越大，树种抗风性能越好。一级抗风树种42种，占总体的52.50%，如霸王棕（*Bismarckia nobilis*）、落羽杉（*Taxodium distichum*）、鸡冠刺桐、黄金香柳

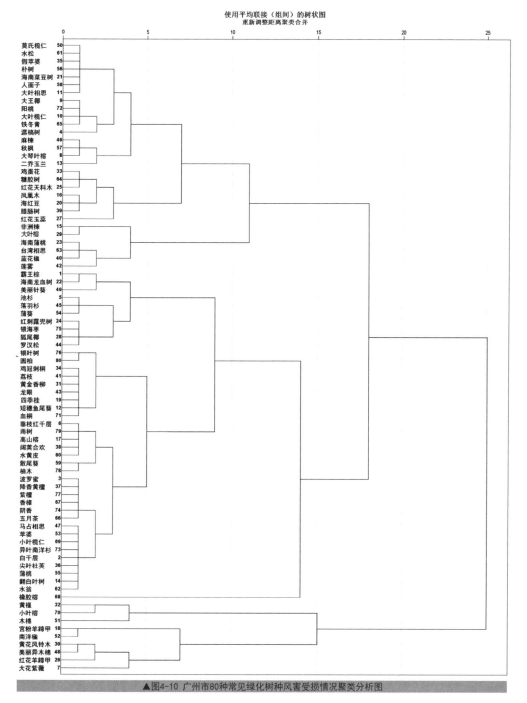

▲图4-10 广州市80种常见绿化树种风害受损情况聚类分析图

（*Melaleuca bracteata* 'Revolution Gold'）等；二级抗风树种29种，占总体的36.25%，如莫氏榄仁（*Terminalia muelleri*）、秋枫、潺槁树（*Litsea glutin-osa*）、红花玉蕊（*Barringtonia Racemosa*）等；三级抗风树种9种，占总体的11.25%，如美丽异木棉、黄花风铃木等。

4.6 华南沿海地区抗风性树种选择

以上2种评价方法各有优劣，根据2种方法得出的结论也大同小异。树种的抗风性选择前人也做过较多研究，但由于受台风等级不同、调查范围不同以及评价方法不同等因素的影响，本次2种评价结果均与前人调查结果存在一定差异。因此，可根据本书2种评价方法并结合前人的研究结果对华南地区绿化树种的抗风性能进行分级，分级结果如表4-13所示（冯景环等，2014；朱伟华，2008；祖若川，2016）。

园林树种的选择需要考虑防风与景观兼顾的原则，因此可将一级抗风树种作为华南地区绿化树种的基调树种，如狐尾椰（*Wodyetia bifurcata*）、蒲葵（*Livistona chinensis*）、三角椰子、小叶榄仁、尖叶杜英、香樟、五桠果（*Dillenia indica*）、荔枝、波罗蜜（*Artocarpus heterophyllus*）、人面子、蒲桃（*Syzygium jambos*）等；将二级抗风树种作为绿化的骨干树种，如凤凰木、非洲楝、大叶榕、莲雾（*Syzygium samarangense*）、腊肠树、红花天料木（*Homalium ceylanicum*）、猫尾木（*Markhamia stipulata* var. *kerr-ii*）、麻楝（*Chukrasia tabularis*）、大王椰（*Roystonea regia*）、印度紫檀、白兰等；三级抗风树种建议少用，或者在特定的情况下选用，如红花羊蹄甲、美丽异木棉、黄花风铃木、紫花风铃木、宫粉羊蹄甲、橡胶榕、木棉等。进行植物造景时，应尽可能采用乔、灌、草相结合的原则，构建层次丰富、配置合理、结构稳定、景观优美的复层群落，这样更有利于抗风。

▼表4-13 华南沿海地区不同等级抗风性树种推荐

抗风等级	序号	种名	拉丁名	科	属	应用范围
一级	1	窿缘桉	*Eucalyptus exserta*	桃金娘科	桉属	公园绿地、居住区绿地
	2	白千层	*Melaleuca leucadendron*	桃金娘科	白千层属	公园绿地、居住区绿地
	3	波罗蜜	*Artocarpus heterophyllus*	桑科	波罗蜜属	公园绿地、居住区绿地、道路绿地
	4	面包树	*Artocarpus incisa*	桑科	波罗蜜属	公园绿地、居住区绿地、道路绿地
	5	鸡冠刺桐	*Erythrina crista-galli*	蝶形花科	刺桐属	公园绿地、居住区绿地、道路绿地
	6	刺桐	*Erythrina variegata*	蝶形花科	刺桐属	公园绿地、居住区绿地、道路绿地
	7	吊瓜树	*Kigelia africana*	紫葳科	吊灯树属	公园绿地、居住区绿地、道路绿地
	8	水石榕	*Elaeocarpus hainanensis*	杜英科	杜英属	公园绿地、居住区绿地、道路绿地
	9	柚	*Citrus maxima*	芸香科	柑橘属	公园绿地、居住区绿地
	10	海南红豆	*Ormosia pinnata*	蝶形花科	红豆属	公园绿地、居住区绿地、道路绿地
	11	蝴蝶果	*Cleidiocarpon cavaleriei*	大戟科	蝴蝶果属	公园绿地、居住区绿地、道路绿地
	12	黄皮	*Clausena lansium*	芸香科	黄皮属	公园绿地、居住区绿地

（续）

抗风等级	序号	种名	拉丁名	科	属	应用范围
一级	13	锦叶榄仁	*Terminalia neotaliala* 'Tricolor'	使君子科	榄仁属	公园绿地、居住区绿地、道路绿地
	14	荔枝	*Litchi chinensis*	无患子科	荔枝属	公园绿地、居住区绿地
	15	苦楝	*Melia azedarach*	楝科	楝属	公园绿地、居住区绿地、道路绿地
	16	龙眼	*Dimocarpus longan*	无患子科	龙眼属	公园绿地、居住区绿地
	17	杧果	*Mangifera indica*	漆树科	杧果属	公园绿地、居住区绿地、道路绿地
	18	广玉兰	*Magnolia grandiflora*	木兰科	木兰属	公园绿地、居住区绿地、道路绿地
	19	异叶南洋杉	*Araucaria heterophylla*	南洋杉科	南洋杉属	公园绿地、居住区绿地、道路绿地
	20	苹婆	*Sterculia monosperma*	梧桐科	苹婆属	公园绿地、居住区绿地、道路绿地
	21	假苹婆	*Sterculia lanceolata*	梧桐科	苹婆属	公园绿地、居住区绿地、道路绿地
	22	蒲桃	*Syzygium jambos*	桃金娘科	蒲桃属	公园绿地、居住区绿地、道路绿地
	23	朴树	*Celtis sinensis*	榆科	朴属	公园绿地、居住区绿地、道路绿地
	24	人面子	*Dracontomelon duperreanum*	漆树科	人面子属	公园绿地、居住区绿地、道路绿地
	25	高山榕	*Ficus altissima*	桑科	榕属	公园绿地、道路绿地
	26	散尾葵	*Dypsis lutescens*	棕榈科	散尾葵属	公园绿地、居住区绿地、道路绿地
	27	水黄皮	*Pongamia pinnata*	蝶形花科	水黄皮属	公园绿地、居住区绿地、道路绿地
	28	水松	*Glyptostrobus pensilis*	杉科	水松属	公园绿地
	29	水翁	*Syzygium nervosum*	桃金娘科	水翁属	公园绿地、居住区绿地
	30	扁桃	*Amygdalus communis*	蔷薇科	桃属	公园绿地、居住区绿地、道路绿地
	31	人心果	*Manilkara zapota*	山榄科	铁线子属	公园绿地、居住区绿地
	32	五桠果	*Dillenia indica*	五桠果科	五桠果属	公园绿地、居住区绿地
	33	五月茶	*Antidesma bunius*	大戟科	五月茶属	公园绿地、居住区绿地、道路绿地
	34	鱼木	*Crateva formosensis*	山柑科	鱼木属	公园绿地、居住区绿地
	35	短穗鱼尾葵	*Caryota mitis*	棕榈科	鱼尾葵属	公园绿地、居住区绿地、道路绿地
	36	香樟	*Cinnamomum camphora*	樟科	樟属	公园绿地、居住区绿地、道路绿地
	37	阴香	*Cinnamomum burmanni*	樟科	樟属	公园绿地、居住区绿地、道路绿地
	38	霸王棕	*Bismarckia nobilis*	棕榈科	霸王棕属	公园绿地、居住区绿地、道路绿地
	39	翻白叶树	*Pterospermum heterophyllum*	梧桐科	翅子树属	公园绿地、居住区绿地、道路绿地
	40	银海枣	*Phoenix sylvestris*	棕榈科	刺葵属	公园绿地、居住区绿地、道路绿地
	41	美丽针葵	*Phoenix roebelenii*	棕榈科	刺葵属	公园绿地、居住区绿地、道路绿地
	42	尖叶杜英	*Elaeocarpus apiculatus*	杜英科	杜英属	公园绿地、居住区绿地
	43	加拿利海枣	*Phoenix canariensis*	棕榈科	海枣属	公园绿地、居住区绿地、道路绿地
	44	大叶榄仁	*Terminalia neotaliala*	使君子科	诃子属	公园绿地、居住区绿地、道路绿地
	45	阔荚合欢	*Albizia lebbeck*	含羞草科	合欢属	公园绿地、居住区绿地
	46	狐尾椰	*Wodyetia bifurcata*	棕榈科	狐尾椰属	公园绿地、居住区绿地、道路绿地
	47	降香黄檀	*Dalbergia odorifera*	蝶形花科	黄檀属	公园绿地、居住区绿地、道路绿地
	48	马占相思	*Acacia mangium*	含羞草科	金合欢属	公园绿地、居住区绿地
	49	金山葵	*Syagrus romanzoffiana*	棕榈科	金山葵属	公园绿地、居住区绿地、道路绿地
	50	棍棒椰子	*Hyophorbe verschaffeltii*	棕榈科	酒瓶椰属	公园绿地、居住区绿地、道路绿地
	51	象腿树	*Moringa drouhardii*	辣木科	辣木属	公园绿地、居住区绿地、道路绿地

（续）

抗风等级	序号	种名	拉丁名	科	属	应用范围
一级	52	小叶榄仁	*Terminalia neotaliala*	使君子科	榄仁属	公园绿地、居住区绿地、道路绿地
	53	莫氏榄仁	*Terminalia muelleri*	使君子科	榄仁属	公园绿地、居住区绿地、道路绿地
	54	海南龙血树	*Dracaena cambodiana*	龙舌兰科	龙血树属	公园绿地、居住区绿地、道路绿地
	55	红刺露兜树	*Pandanus utilis*	露兜树科	露兜树属	公园绿地、居住区绿地、道路绿地
	56	台湾栾树	*Koelreuteria elegans* subsp. *formosana*	无患子科	栾树属	公园绿地、居住区绿地、道路绿地
	57	罗汉松	*Podocarpus macrophyllus*	罗汉松科	罗汉松属	公园绿地、居住区绿地
	58	池杉	*Taxodium ascendens*	杉科	落羽杉属	公园绿地
	59	落羽杉	*Taxodium distichum*	杉科	落羽杉属	公园绿地
	60	木麻黄	*Casuarina equisetifolia*	木麻黄科	木麻黄属	公园绿地、道路绿地
	61	四季桂	*Osmanthus fragrans*	木犀科	木犀属	公园绿地、居住区绿地、道路绿地
	62	蒲葵	*Livistona chinensis*	棕榈科	蒲葵属	公园绿地、居住区绿地、道路绿地
	63	三角椰子	*Dypsis decaryi*	棕榈科	三角椰子属	公园绿地、居住区绿地
	64	血桐	*Macaranga tanarius* var. *tomentosa*	大戟科	血桐属	公园绿地、居住区绿地、道路绿地
	65	椰子	*Cocos nucifera*	棕榈科	椰子属	公园绿地
	66	银叶树	*Heritiera littoralis*	梧桐科	银叶树属	公园绿地、居住区绿地、道路绿地
	67	油棕	*Elaeis guineensis*	棕榈科	油棕属	公园绿地、居住区绿地、道路绿地
	68	柚木	*Tectona grandis*	马鞭草科	柚木属	公园绿地、居住区绿地、道路绿地
	69	雨树	*Samanea saman*	含羞草科	雨树属	公园绿地、居住区绿地、道路绿地
	70	老人葵	*Washingtonia filifera*	棕榈科	棕榈属	公园绿地、居住区绿地、道路绿地
二级	1	海南菜豆树	*Radermachera hainanensis*	紫葳科	菜豆树属	公园绿地、居住区绿地、道路绿地
	2	铁冬青	*Ilex rotunda*	冬青科	冬青属	公园绿地、居住区绿地、道路绿地
	3	非洲楝	*Khaya senegalensis*	楝科	非洲楝属	公园绿地、居住区绿地、道路绿地
	4	凤凰木	*Delonix regia*	苏木科	凤凰木属	公园绿地、居住区绿地、道路绿地
	5	海红豆	*Adenanthera pavonina* var. *microsperma*	含羞草科	海红豆属	公园绿地、居住区绿地
	6	黄钟花	*Tecoma stans*	紫葳科	黄钟花属	公园绿地、居住区绿地、道路绿地
	7	幌伞枫	*Heteropanax fragrans*	五加科	幌伞枫属	公园绿地、居住区绿地、道路绿地
	8	鸡蛋花	*Plumeria rubra* 'Acutifolia'	夹竹桃科	鸡蛋花属	公园绿地、居住区绿地、道路绿地
	9	糖胶树	*Alstonia scholaris*	夹竹桃科	鸡骨常山属	公园绿地、道路绿地
	10	台湾相思	*Acacia confusa*	含羞草科	金合欢属	公园绿地、居住区绿地、道路绿地
	11	澳洲火焰木	*Brachychiton acerifolius*	梧桐科	酒瓶树属	公园绿地、居住区绿地、道路绿地
	12	腊肠树	*Cassia fistula*	蝶形花科	决明属	公园绿地、居住区绿地、道路绿地
	13	蓝花楹	*Jacaranda mimosifolia*	紫葳科	蓝花楹属	公园绿地、居住区绿地、道路绿地
	14	麻楝	*Chukrasia tabularis*	楝科	麻楝属	公园绿地、居住区绿地、道路绿地
	15	猫尾木	*Markhamia stipulata* var. *kerrii*	紫葳科	猫尾木属	公园绿地、居住区绿地、道路绿地
	16	澳洲鸭脚木	*Schefflera actinophylla*	五加科	南鹅掌柴属	公园绿地、居住区绿地、道路绿地
	17	大叶山楝	*Aphanamixis polystachya*	楝科	山楝属	公园绿地、居住区绿地、道路绿地
	18	石栗	*Aleurites moluccana*	大戟科	石栗属	公园绿地、居住区绿地、道路绿地
	19	红花天料木	*Homalium ceylanicum*	大风子科	天料木属	公园绿地、居住区绿地、道路绿地
	20	福建山樱花	*Cerasus campanulata*	蔷薇科	樱属	公园绿地、居住区绿地、道路绿地
	21	印度紫檀	*Pterocarpus indicus*	蝶形花科	紫檀属	公园绿地、居住区绿地、道路绿地

（续）

抗风等级	序号	种名	拉丁名	科	属	应用范围
二级	22	假槟榔	*Archontophoenix alexandrae*	棕榈科	假槟榔属	公园绿地、居住区绿地、道路绿地
	23	莲雾	*Syzygium samarangense*	桃金娘科	蒲桃属	公园绿地、居住区绿地、道路绿地
	24	黄金香柳	*Melaleuca bracteata* 'Revolution Gold'	桃金娘科	白千层属	公园绿地、居住区绿地、道路绿地
	25	白兰	*Michelia alba*	木兰科	含笑属	公园绿地、居住区绿地、道路绿地
	26	垂枝红千层	*Callistemon viminalis*	桃金娘科	红千层属	公园绿地、居住区绿地、道路绿地
	27	珊瑚树	*Viburnum odoratissimum*	忍冬科	荚蒾属	公园绿地、居住区绿地、道路绿地
	28	潺槁树	*Litsea glutinosa*	樟科	木姜子属	公园绿地、居住区绿地、道路绿地
	29	秋枫	*Bischofia javanica*	大戟科	秋枫属	公园绿地、居住区绿地、道路绿地
	30	大叶榕	*Ficus virens* var. *sublanceolata*	桑科	榕属	公园绿地、道路绿地
	31	菩提榕	*Ficus religiosa*	桑科	榕属	公园绿地、居住区绿地、道路绿地
	32	柳叶榕	*Ficus benjamina*	桑科	榕属	公园绿地、居住区绿地、道路绿地
	33	大琴叶榕	*Ficus lyrata*	桑科	榕属	公园绿地、居住区绿地、道路绿地
	34	大王椰	*Roystonea regia*	棕榈科	王棕属	公园绿地、居住区绿地、道路绿地
	35	中国无忧花	*Saraca dives*	苏木科	无忧花属	公园绿地、居住区绿地、道路绿地
	36	大叶相思	*Acacia auriculiformis*	含羞草科	相思树属	公园绿地、居住区绿地、道路绿地
	37	阳桃	*Averrhoa carambola*	酢浆草科	阳桃属	公园绿地、居住区绿地
	38	二乔玉兰	*Yulania* × *soulangeana*	木兰科	玉兰属	公园绿地、居住区绿地、道路绿地
	39	红花玉蕊	*Barringtonia Racemosa*	玉蕊科	玉蕊属	公园绿地、居住区绿地、道路绿地
	40	大花紫薇	*Lagerstroemia speciosa*	千屈菜科	紫薇属	公园绿地、居住区绿地、道路绿地
三级	1	盾柱木	*Peltophorum pterocarpum*	苏木科	盾柱木属	公园绿地、居住区绿地、道路绿地
	2	南洋楹	*Falcataria moluccana*	含羞草科	合欢属	公园绿地、居住区绿地、道路绿地
	3	爪哇木棉	*Ceiba pentandra*	木棉科	吉贝属	公园绿地、居住区绿地、道路绿地
	4	黄槐	*Senna surattensis*	蝶形花科	决明属	公园绿地、居住区绿地、道路绿地
	5	铁刀木	*Senna siamea*	蝶形花科	决明属	公园绿地、居住区绿地、道路绿地
	6	木棉	*Bombax ceiba*	木棉科	木棉属	公园绿地、居住区绿地、道路绿地
	7	海南蒲桃	*Syzygium hainanense*	桃金娘科	蒲桃属	公园绿地、居住区绿地、道路绿地
	8	橡胶榕	*Ficus elastica*	桑科	榕属	公园绿地、道路绿地
	9	小叶榕	*Ficus microcarpa*	桑科	榕属	公园绿地、道路绿地
	10	垂叶榕	*Ficus benjamina*	桑科	榕属	公园绿地、道路绿地
	11	火焰木	*Saraca dives*	云实科	无忧花属	公园绿地、居住区绿地、道路绿地
	12	红花羊蹄甲	*Bauhinia blakeana*	苏木科	羊蹄甲属	公园绿地、居住区绿地、道路绿地
	13	黄槿	*Hibiscus tiliaceus*	锦葵科	木槿属	公园绿地、居住区绿地、道路绿地
	14	黄花风铃木	*Handroanthus chrysanthus*	紫葳科	风铃木属	公园绿地、居住区绿地、道路绿地
	15	紫花风铃木	*Handroanthus impetiginosus*	紫葳科	风铃木属	公园绿地、居住区绿地、道路绿地
	16	美丽异木棉	*Ceiba speciosa*	木棉科	吉贝属	公园绿地、居住区绿地、道路绿地
	17	大腹木棉	*Ceiba insignis*	木棉科	吉贝属	公园绿地、居住区绿地、道路绿地
	18	宫粉羊蹄甲	*Bauhinia variegata*	苏木科	羊蹄甲属	公园绿地、居住区绿地、道路绿地
	19	羊蹄甲	*Bauhinia purpurea*	苏木科	羊蹄甲属	公园绿地、居住区绿地、道路绿地
	20	红花银桦	*Grevillea banksii*	山龙眼科	银桦属	公园绿地、居住区绿地、道路绿地

注：一级树种抗风性最强，二级抗风性次之，三级抗风性最弱，同等级的抗风性树种抗风性排名不分前后。

第五章 华南园林树木台风灾后应急管理

面对台风灾害，应坚持预防与应急相结合、常态与非常态相结合，增强忧患意识，做好应对突发公共事件的思想准备、预案准备、物资准备和组织准备等。加强园林树木台风灾后应急管理，能有效预防和提高应对突发事件的能力，对于减少台风灾害损失及避免二次灾害发生有着重大的现实意义。

5.1 华南园林绿化树木台风灾后应急管理

5.1.1 建立联合-高效的台风灾害应急管理机制

建立健全和完善应急管理，主要是要建立健全监测预警机制、信息报告机制、应急决策和协调机制、分级负责和响应机制、公众沟通和动员机制、资源配置和征用机制，进而形成高效运作的应急管理体系，在抢险工作中能有条不紊地进行风景园林抢险工作。华南地区台风灾后的应急管理应依托城市园林行政管理部门和城市园林绿化行业协会等组织，联合建立城市园林绿化应急管理机制。台风到来期间，城市园林绿化应急机构高效运作，应急指挥部依据电子地图监测结果，第一时间通知应急勘察组对台风受灾较重区域进行现场勘察，并将勘察结果及时反馈。应急指挥部依据轻重缓急的原则，对受灾级别较重的区域，优先安排抢险队伍进行排险，使抢险工作高效运行。

▲图5-1 台风灾后及时救灾

▲图5-2 大型作业吊车

5.1.2 畅通灾情信息反映渠道

成立信息调查组，收集影响公共安全、行道树倒伏影响城市干道交通、园林设施危及市政设施等信息后，协调指挥相关各区或各管理单位，及时清理和排除险情，灾后迅速组织力量对辖区内的设施、园林树木等受损情况进行全面检查，及时公布受灾情况。对于影响交通和公共安全的倒伏树木及设施，应及时清除，迅速恢复城市绿化景观；对被毁较严重的园林设施应采取必要的临时补救措施，不影响市民的日常生活，并及时制订修复计划（黄开战，2010）。

5.1.3 健全应急保障措施，掌握救灾人员、物资联系渠道

在台风到来期间，市、区城管部门应第一时间全方位多层级协调联动汇集城管系统全体人员力量，同时动员武警、边防、武装、各街道及社区工作站、各行业企业等人员共同参加抢险，发挥团结、协作的力量，迅速高效投入灾后抢险工作。为有效组织、快速进行应急处理，每支抢险队应该配备必要的设备物资，包括大型吊车、作业卡车、大型粉碎机、高空作业车、油锯、扶正器、绝缘棒、草绳、钢架或竹木支撑等，并即时掌握物资市场供应渠道和可供数量（黄开战，2010）。

5.1.4 做好灾后抢险安全保障工作

应适时关闭公园、风景区。台风灾后及时组织人力加强巡查，保证人民群众的安全。对于存在严重安全隐患的地方，如园林树木在台风的吹袭下发生严重倾斜而未倒伏、主干枝条折而不断，尤其是人员交通密集处或建筑物旁胸径和冠幅较大的树木，应设立警示牌、警戒线，提醒行人注意安全。发现倒伏或折枝树木危及空中线网、建筑物及车辆等，应在确保安全的情况下，及时组织人力进行抢救和处理。

▲图5-3 及时抢救倒伏树木

5.2 园林树木灾后应急分类管理

台风过后，园林树木受到不同程度的损伤，应尽快进行抢救。台风刮倒的树木倒在路上，不仅阻碍了城市交通，而且因温度太高、水分蒸发太快，树木很容易枯萎死亡，因此必须尽快清理抢救。台风灾后既要迅速恢复交通，又要尽可能把树救下来，灾后树木抢救就是跟时间赛跑。因此，相关部门、单位、组织要迅速集结人力，把物资投入到灾后应急抢救当中。

5.2.1 主干断裂及断枝清理

应立即清理阻碍交通、严重影响景观的枝叶或树体；清理绿地内的倒伏、死亡植株。对于损伤严重的树木，宜立即进行砍伐清理，砍

伐后留下的树穴，应及时补种，尽快恢复绿化原貌。应于24小时内清理完抢险过程产生的树枝、树干。对受损严重已无法存活的树木要及时清除，补种新树，并尽量选择与原树种大小相近的植株，以保持城市绿化景观。

▲图5-4 截段移除一

▲图5-5 截段移除二

清理方式：①使用油锯移除。油锯是园林绿化中最常用的修剪工具之一，也是城市园林绿化应急抢险最便捷实用的工具。②利用吊机与高空修剪车协助移除。当树木倒伏或断枝的位置过高时，抢险队员需借助吊机控制树木的稳定性，利用高空修剪车到达树冠处，后备组成员再根据装卸便利和运输要求逐一截段。

▲图5-6 油锯截段

▲图5-7 断枝清理

5.2.2 倒伏树木应急管理

5.2.2.1 整株枝叶修剪

园林树木倒伏直接打破了地上和地下部分的水势平衡，因倒伏致使地下部分受损，无法满足地上部分正常运作所需要的水分。因此，对于被刮倒或者刮斜的树木，不宜将其立即扶起来，而应首先对其进行整株枝叶修剪，以减缓地上部分水分蒸发的速度，防止园林树木因水分供应不足出现脱水的情况。

对倒伏树木进行整株修剪，应根据其受灾情况疏剪枝叶，并在修剪后的锯口及时涂抹伤口愈合剂，以促进伤口尽快愈合。倒伏的树木扶正前，应保留三级以上分枝，树高尽量保持在3m以上。

▲图5-8 整株枝叶修剪

5.2.2.2 反方向挖穴与扶正

在减少地上部分水分蒸发的同时，还需尽量减少因扶正导致的地下根系损伤，以尽快达到新的树势平衡。根系是树木水分和养分的来源，树木倒伏致使根系受损，使其输送水分和营养的能力大打折扣，因此在树木扶正过程中，要保护好根系，尽量减少根系损伤。

吹倒、吹斜或连根拔起的树木，应在24小时内扶起种植。扶正倒伏树木时，应在倒伏树木反方向挖穴，给扶正树木的根系留出足够的空间。反方向挖穴深度要求比树木根系深20~30cm，宽度比根系大20%，并填充已进行消毒处理的种植土。针对受损根系，应进行适当修剪，尽量保留土球周围的毛细根。建议先在树根上撒上防止病菌生长的药物，再喷上生根剂，这样有利于树木根系的后期生长、恢复。

用人工或机械起吊树木时，应注意捆绑主干部位，在绑缚的部位垫好软垫，避免树皮破损，同时起吊时要注意方向，避免根系二次损伤。扶正后，进行培土，将树穴填土压实。

▲图5-10 扶正树木

5.2.2.3 加固支撑

刚刚被扶起的园林树木，极有可能出现再次倒伏的情况，因此要对树体进行加固支撑，支撑高度为树高的1/3~1/2。

园林树木支撑固定后，使用大树营养液对树体进行补水输液，促进水分收支平衡，使之尽快度过缓苗，实现自养，同时用缠树带缠裹树干，尽量减少树体失水。

▲图5-9 反方向修穴

▲图5-11 加固支撑

5.2.2.4 浇足定根水

将倒伏对面的坑填土埋根后夯实，立即浇足定根水并连续浇水几次，待根系与其周围土壤环境充分接触、长出新枝芽后，及时追施速效肥料，促进生长。浇灌定根水时，使用生根剂、土壤杀菌剂及营养剂浇灌根系，间隔7~10天重复使用，有利于树木根系生长（秦一芳等，2017）。

▲图5-12 浇足定根水

5.2.3 折断树木应急管理

折断的树干存在较大的安全隐患，同时折断处容易积水，使树木易受病虫侵害，从而减弱树势或影响树体健康。因此，首先应及时对折断树木进行修剪，将受损树木的伤口修剪齐平，大于5cm的枝干应涂抹树木防腐剂以防止病虫侵害。其次，对断折枝干的树木进行合理修剪，重新进行树姿整形，使树体主枝分布均匀、不偏冠，树体疏朗通透，树冠整齐，树体通风透光。对过高的树木进行压顶式修剪，保护高压线路（陈峥和黄颂谊，2018）。高大乔木修剪应重点处理"头重脚轻"和"树大招风"等问题，做好高乔木的"压顶回缩修剪"和密乔木的"疏透性修剪"，即对树冠庞大的乔木树冠进行适当压顶回缩处理，抑制其顶端优势，调节高冠比；对树冠过于密实的树木，需对其内膛枝、过密枝、

徒长枝、交叉枝、重叠枝、病枯枝、下垂枝等位置不当的枝条进行疏剪，增强其透风性和抗倒伏能力（洪嫣莉，2017）。

5.2.4 病虫害防控

华南地区每年7~10月便进入台风多发季节，台风过后天气高温多雨，此时往往是病虫害高发时期。树木受损后特别容易遭到病菌侵害，导致伤口感染，因此要特别重视植物疫情预防和控制工作，严防树木病虫害疫情的发生。

一是向受灾树木的根系浇灌百菌清或甲基托布津等广谱型杀菌剂以及敌百虫等杀虫剂，防止根部腐烂及病虫害的发生，并且及时修剪折断树木，在切口涂抹防腐剂。抢救过程中应注意避免树木受损，还应根据实际情况喷洒适量杀虫剂，杜绝植物病虫害疫情滋生、蔓延。

二是及时清理修剪被强风刮断的树枝、落叶，根据辖区环卫、园林部门的指导进行分类处理。加强绿化枝叶后续粉碎处理，通过采购大型枝叶专用粉碎机和"龙爪式"机械手提高作业效率（秦一芳等，2017）。

三是对不能及时清运的树枝、树叶等进行统一收集，集中堆放。

5.2.5 园林绿化垃圾的处理

台风灾后产生的园林绿化垃圾存在着占地面积大、容易滋生病虫害以及易引发火灾等诸多问题。如何高效处理绿化垃圾，将垃圾变废为宝，需要探索更多创新的方式及途径。如完整的树干可直接由木材加工厂处理，细碎枝叶进入生态利用循环，粉碎后进行肥料堆沤或通过不同的加工

工艺制成有机覆盖物、有机肥料、填充物、栽培基质以及生物质发电等。

目前，一些市政府会联系协调当地木材加工企业、再生资源环保企业、园林绿化企业和相关工艺品企业共同处理。如将一些木材进行切段后用于铺设园路，将木屑处理后作为绿地有机地表覆盖物，将木桩加工成工艺品，由环保企业对园林绿化垃圾进行收集、筛选、腐熟、制成肥料等。

▲图5-13 资源化利用

1）有机覆盖物

有机覆盖物是一种新型的环保材料。这种环保材料是近年来园林绿化废弃物回收再利用的新方式，具有较高的生态及经济价值。有机覆盖物技术来源于美国，到目前为止已经存在发展了30多年，它是一种把园林中存在的有机废弃物经过收集、筛选、腐熟等工艺制作而成的产品。

有机覆盖物适用范围广泛，效果稳定，适用于市政道路、公园、景区、庭院等方面的绿化。将这种环保材料放在园艺植物以及树木周围的土壤上，能够美化环境、减少浇水次数、节约水资源、补充土壤养分、减少杂草等。有机覆盖物色彩种类繁多，其运用的是有机染色工艺，可以把颜色

丰富的环保材料与各种景观组合放置。将有机覆盖物作为缓冲层铺设于儿童游乐设施周围，能够给孩子们留下足够的缓冲空间，有效提高儿童游乐场所的安全性（张东颖，2018）。

▲图5-14 公园有机覆盖物

2）工艺品

一些古树见证了一个地方历史的发展变迁，是当地宝贵的文化遗产。在一些景点、公园以及学校等利用倒伏的树木进行艺术性创作，用创意让它们获得重生，经过去皮、刨光、打磨、防腐处理，设计制作一系列主题雕塑作品陈列在园区里，如"莫兰蒂"雕塑、"山竹"雕塑等作为历史事件的见证者，具有重要的纪念及教育意义，能够给予人们警示。

3）园艺栽培基质

环保企业构建园林绿化废弃物资源化再利用循环经济产业链，以园林废弃物为原料生产喷播基质和腐殖土。喷播基质作为新型生态修复产品用于矿山生态治理、生态护坡工程、沙碱地生态综合治理、高速路绿化等生态修复项目中，不仅开启了园林废弃物处理产品的一个新方向，而且弥补了现在市场上喷播基质价格高、产量少的不足。腐殖土具有质地松软、结构疏松多孔、利水

保湿保肥、有机质含量高等特点，可用于草坪建植、屋顶花园建设、花卉种植。

物化学降解，形成有机肥料和土壤改良剂，从而达到落叶无害化、减量化、资源化利用的目的。

4）高质量有机肥

将绿化垃圾进行粉碎后，利用微生物在一定温度、湿度、pH条件下，利用太阳能和生物自身热能在发酵池中进行发酵，使落叶等有机废物发生生

其产出物含有植物生长所需要的N、P、K等营养成分，用于绿地后能明显提高土壤肥力、透气性和保湿度，可有效改善土壤和植物生长环境，提高土壤通气性、保水性和有机质养分。

5.3 现有台风应急管理存在的问题

5.3.1 抢险人员的专业性不足

一是园林绿化养护目前已经基本市场化，现有绿化养护企业建立的园林绿化应急抢险队伍存在人员、车辆及设备不足等问题，甚至有同一个抢险队服务于多个单位的情况，严重影响了园林绿化的应急抢险进度。

二是匆忙聘请或者组建的应急抢险人员素质参差不齐，工作协调能力不足，影响抢险的质量及进度。

三是应该设置专门的台风应急管理部门来统筹，使台风的应急管理人员逐步从"散兵游勇"变成"正规军"。

5.3.2 缺乏大型机械设备

一是各个园林绿化管理单位很少有高空车、叉车、吊车，且极度缺乏专业化的伐木机、移树机、移动树枝粉碎装载一体机等，大大降低了树木的清理效率。

二是现有园林绿化基层管理单位自有的应急人员、物资严重不足，存在临时供货不足、机械标准不统一、抢险工人不会使用等问题。

5.3.3 未按统一标准种植，修剪队伍技术水平仍需提升

现在城市绿化修剪规范以树枝修剪为主，不能适应逐渐长大的城市树木以及不断变化的城市环境，所以需要建立一套更加完善的专业树木园艺体系来提升城市树木的管理水平。

5.3.4 信息统计标准不一

一是信息统计口径和程序不一致，各部门、各单位对倒伏损毁树木的标准不统一，导致受灾数据的统计方式不一致，引起媒体和舆论的质疑，影响政府的公信力。

二是部分媒体和市民对大风之下树木会倒伏、折断等自然现象缺乏正确的认知，对如何避险也没有全面的了解，所以台风抢险期间部分媒体和市民对于抢险工作的配合还有待改善。

5.3.5 树枝处理场地不足，树枝处理能力有待提高

由于灾后堆放树枝的场地不足，且枯枝落叶及粉碎后的树枝有火灾隐患，容易滋生病菌、虫害等，只能将倒伏折损的树木留置原地，待逐步处理。

绝大部分粉碎的树枝需要运往市外生物质发电厂进行焚烧发电，少部分运往外地的造纸厂和木板厂作为生产原料循环利用，但由于珠三角地区风灾后会产生大量树枝，相关工厂已超负荷运转，无法接纳更多的树枝。台风过后清理的大量树木无处存放，只能放置在路边。

5.4 华南地区防风应急预案

台风灾害应急机制主要是建立健全应急预案管理机制，做好台风灾后应急预案的编制，形成统一指挥、功能齐全、反应灵敏、运转高效的应急机制（黄开战，2010）。园林绿化管理部门或养护单位必须在台风来临前做出应对台风的应急预案。应急预案的内容至少应包括：防风应急队伍的建设与运行、防风物资准备、防风技术准备、台风抢险措施、风后处理措施及风后绿地养护管理措施等。

5.4.1 防风应急队伍及机构建设

在台风来临之前，提前谋划落实好相关专业抢险队伍的工作安排，做好抢险队伍培训工作，使之具备抢险工作能力，力求在救灾抢险过程中做到分工明确、行动迅速，以最大限度地减轻灾害影响。

从非台风季的树木安全评估与管理到台风季的园林绿化灾情抢险与灾后恢复，再到建立应急管理机构，从多个角度建立台风灾害下城市园林树木应急抢险管理体系。

5.4.2 抢险物资准备

准备好各类抢险车辆（现场指挥车、绿化抢险车、高空作业车、吊车、小货车等），各类施工器械（钩机、油锯、砍刀、绿篱剪、绳索、树枝粉碎机等），防汛物资（雨衣、手电筒、应急灯等），做好应急物资的管养，提前进行油锯操作演练，做好随时投入抢险工作的准备。

提前协调各镇、街设置绿化垃圾临时处理点，将绿化垃圾堆放点按到各镇、街距离最近的原则分散设置，提升绿化垃圾转运速度，避免形成"垃圾围城"。

5.4.3 做好台风抢险演练及技术培训

根据应急抢险指挥的职能要求，定期开展培训和业务交流，掌握城市区域环境和道路交通状况，检验各职能部门和各方力量在紧急情况下的运转时效。

应急抢险队要定期开展专业和安全培训，并举行救灾演习，在管理上要专业化、规范化。

▲图5-15 做好技术培训一

▲图5-16 做好技术培训二

▲图5-17 支撑加固

5.4.4 做好树木应急防范

进入台风多发季节之前，要做好园林树木防护工作，尤其是在台风来临前，要做好应急管理措施，通过对树木进行巡查、修剪、支撑加固、培土等，排除存在的安全隐患，增强树木的抗风能力，最大程度地降低损失。

5.4.4.1 做好树木安全性监测

台风来临前，对于位于开阔迎风处、人流量较大的地段及公园等存在安全隐患的地点，应进行树木安全性评估和监测。

树木安全性评估主要通过观察或测量树木的各种指标，并结合树木生长的环境因素和树体结构进行科学分析，判断树木是否存在安全隐患。树木安全性评估需权衡树木外观、树木主干内部空洞面积比、根冠面积比、立地土壤、园林树木危险性病虫害、树木年龄和树种分类等指标。

监测方法主要采用目测以及仪器监测。目测是用肉眼直观判定树木主干倾斜、木质部裸露、偏冠

以及危险性病虫害情况，综合分析树木的整体生长状况和存在问题；仪器监测是借助合适的仪器设备（如弹性波树木断层画像诊断装置、树木雷达等），检测分析主干受损状况、根系分布情况和病虫害等。监测后应进行综合评估并提出专业管养建议，对存在安全隐患的树木进行处理（处理方式包括移除、修剪、支撑、复壮等）。

5.4.4.2 做好树木修剪、支撑加固

在非台风季节的城市园林绿化日常养护中，要适当对树木进行修剪及加固，使城市园林树木保持健康生长。在台风季节，园林绿化管理部门或养护单位应对管辖区域内的树木加强巡视，做好树木防风措施，并对树桩逐个检查，发现松垮、不稳立即扶正绑紧。

对树木进行抗风性修剪，主要是减小树冠，降低树冠的郁闭度，减小树木的迎风阻力。重点修剪并加固碰触高压线及处于建筑周边、交通要道和停车场等地的存在安全隐患的树木。①碰触高

压线的树枝一律修剪，树冠过高要适当截顶，过大或过于浓密的要进行疏枝修剪，以减少树冠面积，增加透风性，降低其风荷载；②对浅根性、树冠庞大、枝叶过密的树木，在台风来临前应采取疏枝、立柱、绑扎、培土等防御措施；③对于易受风害的树木，如新栽树、已发生倾斜树、枯死树、材质脆弱或有病虫害等树木，要在台风季前进行修剪、加固或清理。

5.4.5 保证救灾通道畅通

城市交通枢纽的通达性，影响着灾后抢险的效率。城市交通枢纽及医疗卫生等周边区域的道路是救灾的生命通道，要确保其畅通，需要在城市道路整体规划设计、树种选择配置和栽培养护管理等方面进行重点管控。

首先，提高救灾通道网络的可达性，识别城市可达性较高的区域，并结合医疗卫生设施的分布状况，确定优先保障的救灾通道网络。可提供多条可达路线，这样即使部分道路受阻，亦可选择其他绕行方案。

其次，对于重点路段的园林绿化，抗风性应作为重要考虑因素，从规划设计到后期养护提高行道树的抗风性。如提高规划设计的前瞻性，避免频繁更换树种，减少使用大树；设计中提倡使用小苗，小苗抗风力强，移植成活率高，可为根系生长提供充分的时间；分车带内的植物尽可能选择抗风性强的棕榈科植物或者灌木；施工建设严格按照栽植技术规程，保证土壤质量、施工质量；做好后期养护和水肥管理，控制好地上部分与地下部分的平衡，对树冠进行合理修剪，为根系生长提供良好的生长环境；树池周边可采用镂空铺装、铺设透水砖等，增加雨水供给，增加土壤透气性。

最后，对于城市的救灾通道和重要救灾路段，应尽量增加绿色缓冲空间，为救灾过程中植物的折断、倒伏、搬移、清理等预留一定空间，尽量减少由于植物受损对城市交通干道造成的不良影响。华南各城市景观绿化有多处存在绿量大、乔灌草复层结构配置、种植密度大等问题，景观使用率低、疏朗通透性不足使景观效果大打折扣。台风过后，倒伏死亡、折断的树木需要被锯成若干段后再清运出去，一些得不到及时清运的树段就被搁置在道路两旁的绿化带内，但是绿化带空间有限，易导致冲突。因此，道路景观设计要疏朗通透，结合景观效果留出部分缓冲空间应对不时之需，提升道路绿地的可兼容性和弹性（雷芸和刘丽丽，2018）。

5.4.6 完善灾后绿化垃圾的分类管理

对于灾后树木的分类管理，应逐步探索和完善市场化处理机制，建立相应的准入机制和管理制度，由市场化主体进行统筹处理。同时，建议将灾后园林绿化垃圾堆场纳入城市应急避难场所规划，充分利用闲置用地或政府储备用地进行枝叶应急堆放和生态处理。

5.5 政策及建议

5.5.1 建立联动体系下的防风应急预案

建立行之有效的社会联动防灾应急预案、台风监测预案系统和台风灾后应急预案，能为防灾救灾提供规范性指导，同时还可指导防风规划，对滨海城市防风减灾意义重大。

首先，滨海城市特别是台风多发的滨海城市，应建立气象台、城管局、规划、交通、养护等相关部门的联动机制，制定环环相扣、操作性强、紧密联系的应急预案，阐明各部门的职责及相应的奖惩机制，确保各项防风措施的部署实施。建议提高科技抗灾投入，建立台风灾害应急响应集成系统，这样有助于建立台风灾害应急联动长效机制。台风灾害应急响应集成系统是充分运用计算机科学技术，通过采集气象信息、台风实时信息、雨情信息等，将预警可视化信息分别传送给相关负责人。该系统以数据库、知识库和模型库为基本信息支撑，通过应用层搭建决策支持系统的运行环境，并辅以各行业专家库与计算机的决策交互评估，实现台风监测、预测预报、防台风决策、园林灾情评估等功能，能够为防风减灾决策的各主要工作环节提供有力支持。

其次，全面监控台风多发路段和大型园林树木路段，全面落实责任制，并确保每处有专人实时监控，如因台风出现大型乔木倒伏、断干、断枝等情况，应立即采取应急处理措施。

然后，建立灾后应急防疫队伍，保证台风过境后防疫工作顺利及时开展。灾后需及时清理倒伏树木、断干断枝、落叶等，通过喷洒消毒剂、保护剂（伤口处）等方式对受灾树木进行防疫处理，尽量减轻台风引起的疫情。

最后，在保证树木景观效果的前提下，应尽量剪除内膛枝、重叠枝、交叉枝等，使树木达到足够的透风率，减少树冠的受风面。在台风来临前应加大修剪力度，调整园林树木的根冠比，保证其有足够的抗风能力。同时，在进行园林树木日常养护时，还应注意病虫害的防治，避免病虫害导致树木树势减弱。

5.5.2 加强科研工作

搞好相关科研工作，是提高滨海城市园林抗台风能力的关键。第一，应认真研究台风特点，包括台风等级、风向、路径及降雨等情况，结合历次台风对城市造成的影响，研究不同区域、位置的树种受灾情况，据此划分出易受影响区，对其重点进行规划设计。第二，做好绿地土壤环境的理化性状调查，这是做好适地适树的前提。第三，深入研究树种抗风能力的影响因素，从苗木培育到后期养护管理，重点研究常用乔木合理的冠径比、高径比、保护支柱的设置、树形修剪以及施肥技术对树木抗风能力的影响等。第四，引进新树种，开发利用现有的抗风乡土树种，设立相应的生产和观赏苗圃，加强推广应用的力度和范围（王良睦等，2000）。第五，加强园林绿化废弃物利用新技术研发，开发低毒、高效、环保的资源化产品，推动行业发展。

5.5.3 建立应急体系中的社会保障机制

充分的社会资源保障是对重大气象灾害进行有效应急管理的基础。建议政府从以下几个方面做好台风应急体系建设：首先，政府要重视台风灾害应急处理，树立高度的危机防范意识，设立台风应急专项资金，保障台风应急防范、灾后应急管理等工作的顺利开展；其次，加强台风灾害管理科研项目立项支持，为台风应急管理提供科学有效的指导，同时加强专业人才队伍建设，做好人才培训，为应急管理提供充足的人力资源；最后，积极动员社会力量参与应急管理（黄开战，2010）。

第六章 城市园林项目建设全过程抗台风策略

城市园林树木的损伤和死亡既与非生物因素（风力、地质和种植土壤等）、生物因素（树木的树冠形状、根系分布、根冠比、树木枝条强度、树龄和病虫害等）相关，也与人为因素（植物种类选择与植物配置不当、施工不严格按照行业标准执行、后期养护管理不到位等）相关。尽管台风风力是决定树木损伤和死亡的最主要因素，但是在相近风扰条件下，有些人为因素也会加重台风灾害的影响程度。面对台风，园林树木客观上无法抵挡，因此我们只能尽量避免或减少各种人为因素造成的影响，尽可能降低生物因素的影响。

鉴于以往的台风灾害防御经验，要提高城市园林绿化的整体抗风应急能力，保证抢险救灾工作高效有序进行，应当尽量防于灾前、救于灾中、建于灾后，由单一的灾后防御向综合防治转变。

根据第三章对华南园林树木台风灾害的调查研究，我们总结出台风导致园林树木灾害的各种成因，并提出有针对性的防御策略（表6-1），便于在城市园林项目建设全过程中有的放矢地落实抗风措施，以期为我国华南区域乃至整个沿海地区的台风防御以及园林抗风绿化树种选择提供参考。

▼表6-1 园林抗风防御策略

台风致灾成因	防御策略
人为因素	1. 城市园林道路、绿地规划设计，应根据树木根系健康生长的需要，留足园林绿化用地。 2. 施工单位应规范施工工艺，严格遵循绿化行业标准执行。 3. 加强园林树木抗风养护管理，主要措施包括园林树木的整形修剪、加固支护、病虫害防治等。
木材强度与根系分布	1. 进行前期设计时，风口、风道处应特别考虑植物抗风性因素，选用根深、坚韧的树种。 忌：爪哇木棉、大腹木棉、垂叶榕、木棉等。 宜：香樟、海红豆（*Adenanthera pavonina*）、水黄皮（*Pongamia pinnata*）、阴香（*Cinnamomum burmanni*）、复羽叶栾树（*Koelreuteria bipinnata*）等。 2. 加强园林树木抗风养护管理，特别是支护和修剪。
树冠形状与树大招风	1. 进行前期设计时，风口、风道处应特别考虑选用枝叶稀疏、干矮的树种。 忌：小叶榕、宫粉羊蹄甲等。 宜：小叶榄仁、朴树（*Celtis sinensis*）、木麻黄、海南菜豆树（*Radermachera hainanensis*）、粉花山扁豆（*Cassia nodosa*）、锦叶榄仁（*Terminalia mantaly*）、尖叶杜英、大花第伦桃（*Dillenia turbinata*）、白兰、水翁（*Cleistocalyx operculatus*）等。 2. 加强园林树木抗风养护管理，特别是支护和修剪。
树龄与病虫害	加强园林树木抗风养护管理，注意病虫害防治、复壮。

6.1 规划设计阶段

华南区域是遭台风频繁袭击的区域，园林行业在面临台风灾害时所作出的行为决策，应该是园林行业全过程全方位的应对策略。特别是在园林工程规划设计阶段，应以加拿大生态学学者Holling提出的"弹性城市"理念为指导，使台风作为一种干扰因素可以被城市弹性地吸收，并在城市园林规划中理性考虑这些干扰成分，打破以往静态的设计思维方式，理性地协调好静态景观效果和台风等干扰效果，提升滨海城市的弹性。

6.1.1 扩宽绿化种植带

规划设计是城市园林项目建设的第一关，在进行编制规划时，应当把能想到的园林树木防台风策略都考虑进去，适当调整规划编制思路。比

如在规划设计新道路以及新景点时，应当为行道树预留足够的空间，形成较好的立地环境。

6.1.2 规划景观海岸防护林

构建景观海岸防护林，可以改善滨海城市的环境条件，有效降低风速，减少台风对城市的破坏，对于城市防风具有重要意义。华南特殊的地理位置决定了深圳、珠海等沿海地区的景观规划首先应关注防护功能，在此基础上再增加植物及景观的多样性和观赏性。景观型防护林就是在防护功能的基础上，结合海岸带特殊的地理位置，以优化景观结构为目标，进行绿化、美化，以充分发挥海岸边防护林的生态和景观功能的人工生态系统（张彩凤，2010）。

景观海防林以提高防护效能为核心，必须与城市景观绿化有机结合起来，重点关注树种、树

▲图6-1 规划拓宽行道树树池宽度

▲图6-2 景观海防林规划

型、色彩、层次的多样化和协调性，营造城市沿海多维类型、多层次、多树种、乔灌花草相结合的防护林景观，塑造现代、美丽的沿海风景林带。

不同功能的海岸景观海防林在植物设计上应采取不同的方式。宽度≤50m的林带岸段，海防林带设计应兼顾一定的防护功能，以景观绿化美化为核心，打造乔、灌组成的半通透型的林型，树种选择以棕榈类、抗风性强的园林树种为主。宽度＞50m的林带岸段，自靠海一侧向陆地可依次设置郁闭型密林、疏透林型、半通透型等分区，树种选择以棕榈类、小叶榄仁、法国枇杷、木麻黄、黄皮（*Clausena lansium*）等为主。

6.1.3 城市园林绿地植物选择

在城市园林景观设计阶段，尤其是园林树木的品种选择和植物配置上，着眼点往往集中在植物品种的景观性、多样性、生态性上，设计师往往更多考虑城市园林景观的观赏性、树木的遮阴效果及后期易于养护等方面，很少考虑园林树木防台风（特别是防大台风、特大台风）需要。由于忽略抗风树种的选择往往会导致几十年的劳动成果毁于一旦，因此，台风多发的滨海城市做园林绿化时必须将树木的抗风性作为一个重要因素考虑。如何在充分考虑园林树种抗风性的同时，兼顾园林景观效果和树木的荫庇性，将成为台风多发的滨海城市园林景观的关注点。

在进行城市绿地规划设计时，应根据绿地各区域所受风力的空间布局进行植物选择。抗风树种选择的原则为：园林树木根系为深根系或根系庞大，且地上部分高度、冠幅适中；树冠具有一定的透风性，枝条具有较好的韧性；多运用本地乡土树种或引自附近沿海已广泛种植的抗风树种。台风吹来时，建筑物或山峰东南方向受到的压力比西北方向要严重得多，因此迎风的东南方向应设计种植更多抗风能力强的树种，而背风的西北方向可以设计种植抗风能力稍弱的树种。

据华南植物园邢福武关于珠三角抗风树种的评价与筛选研究，通过抗风性、生物学特性与观赏价值等综合评价，筛选出华南地区具有推广应用价值的乡土木本植物30多种，包括樟科、山茶科、藤黄科（Guttiferae）、壳斗科、桃金娘科、木兰科、冬青科（Aquifoliaceae）、蝶形花科、杜鹃花科等植物，主要有香樟、阴香、潺槁树、木荷

（Schima superba）、红皮糙果茶（Camellia crapnelliana）、大头茶（Gordonia axillaris）、黄牛木（Cratoxylum cochinchinense）、红锥（Castanopsis hystrix）、米锥（Castanopsis chinensis）、扁桃、山乌桕（Sapium discolor）、竹节树（Carallia brachiata）、石磡含笑（Michelia shiluensis）、珊瑚树（Viburnum odoratissimum）、铁冬青（Ilex rotunda）、海南红豆（Ormosia pinnata）、水黄皮、假苹婆（Sterculia lanceolata）、苹婆（Sterculia monosperma）、人心果（Manilkara zapota）、竹柏（Podocarpus nagi）、法国枇杷、肖蒲桃（Acmena acuminatissima）、红花荷（Rhodoleia championii）、桃金娘（Rhodomyrtus tomentosa）、毛菍（Melastoma sanguineum）、野牡丹（Melastoma candidum）、

▲图6-3 乡土抗风树种

红鳞蒲桃（*Syzygium hancei*）、车轮梅（*Raphiolepis indica*）、吊钟花（*Enkianthus quinqueflorus*）、菲岛福木（*Garcinia subelliptica*）、多花含笑（*Michelia floribunda*）等。

6.1.4 城市园林绿地植物配置

6.1.4.1 公园绿地

公园绿地属于综合型绿地，结合华南地区园林绿化树种抗风性综合评价结果，其植物配置应综合多种类型植物配置模式，营造多样性空间。

1）绿荫型景观

以常绿、冠大、荫浓的乔木为基调树种，建议搭配香樟、白兰、阴香、潺槁树、尖叶杜英、高山榕、台湾栾树（*Koelreuteria elegans* subsp. *formosana*）、波罗蜜等，下层以花灌木、观赏地被、草坪等为主。遮阴树尽可能选择树冠轻盈通透、高干比合理的树种，平衡树体重心。

▲图6-4 绿荫型景观

2）鲜明季相型景观

以彩叶植物和观花植物为主，营造亚热带繁花似锦、四季有花的热烈景观。选择季相变化明显的景观树种，如法国枇杷、大叶榕、岭南槭（*Acer tutcheri*）、美丽异木棉、大花紫薇、黄花风铃木、凤凰木、腊肠树等，合理搭配花灌木，如美丽胡枝子（*Lespedeza thunbergii* subsp. *formosa*）、琴叶珊瑚（*Jatropha integerrima*）、红果仔（*Eugenia uniflora*）、黄钟花（*Tecoma stans*）、金叶假连翘（*Duranta repens* 'Variegata'）等，营造丰富的季相变化景观。

▲图6-5 鲜明季相型景观

▲图6-6 色彩鲜明型景观

3）色彩鲜明型景观

以彩叶或观花植物为主，色彩对比强烈，营造出明快的氛围，给人以较强的视觉冲击。植物配置：上层采用锦叶榄仁、黄金香柳、枫香、岭南槭、山乌桕等彩叶或秋色叶树种，下层灌木采用彩色叶灌木或草花，如肖黄栌（*Euphorbia cotinifolia*）、彩叶朱槿（*Hibiscus rosa-sinensis*）、黄金榕（*Ficus microcarpa* 'Golden Leaves'）、金叶假连翘、红枝蒲桃（*Syzygium rehderianum*）、红花檵木（*Loropetalum chinense* var. *rubrum*）、银边山菅兰（*Dianella ensifolia* 'Marginata'）、银纹沿阶草（*Ophiopogon intermedius* 'Argenteo-marginatus'）等。

4）芳香型景观

芳香型植物，或清香淡雅，或芬芳馥郁，给人以丰富的嗅觉体验。建议搭配：白兰、四季桂（*Osmanthus fragrans*）、九里香（*Murraya exotica*）、茉莉（*Jasminum sambac*）、含笑（*Miche-*

▲图6-7 芳香型景观

lia figo）、栀子花（*Gardenia jasminoides* 'Radicans'）等。

6.1.4.2 行道树绿地

道路绿地宜选择根深、枝叶疏朗、耐贫瘠及耐修剪的抗风性树种，亦可选用体现地域景观特色的乡土树种，如潺槁树、朴树、华润楠（*Machilus chinensis*）、红花荷、扁桃、格木（*Erythrophleum fordii*）、短萼仪花（*Lysidice brevicalyx*）、木荷、肖蒲桃、海南红豆等。行道树和分车带树木应进行合理修剪；或者对分车带内树木进行替换，选用棕榈

▲图6-8 行道树绿地景观

科植物、小乔或绿篱组合，避免高大乔木倒伏对路面造成影响。同时，为保证乔木拥有正常的生长空间和良好的景观效果，发挥良好的抗风作用，建议将乔木种植间距设为4~6m。

6.1.4.3 居住区绿地

居住区绿地适宜选择抗风性强、观赏效果好、季相变化明显的芳香保健型树种，可适当选用一些慢生树种。建议搭配：香樟、阴香、枫香、

▲图6-9 居住区绿地景观

杧果、枇杷（*Eriobotrya japonica*）、宫粉羊蹄甲、白兰、四季桂、美丽胡枝子、鸳鸯茉莉（*Brunfelsia brasiliensis*）、龙船花（*Ixora chinensis*）、杜鹃红山茶（*Camellia azalea*）、多花含笑等。

6.1.4.4 滨海绿地

滨海绿地以椰风海韵景观为主，上层主要选用抗风性强的棕榈科植物，如大王椰子、酒瓶椰子（*Hyophore lagenicaulis*）、狐尾椰子、老人葵、散尾葵、三角椰子、加拿利海枣（*Phoenix canariensis*）、假槟榔（*Archontophoenix alexandrae*）等，以及优美的景观树种如旅人蕉（*Ravenala madagascariensis*）、锦叶榄仁、铁冬青、黄金香柳等；下层以有色叶植物、花灌木等为主，如五彩千年木（*Dracaena marginata*）、黄金榕、花叶良姜（*Alpinia sanderae*）、龙船花等，亦可选用抗风性强的滨海树种，如海杧果（*Cerbera*

▲图6-10 滨海绿地景观

manghas)、水黄皮、桐花树(*Aegiceras cornic-ulatum*)、无瓣海桑(*Sonneratia apetala*)、老鼠簕(*Acanthus ilicifolius*)、法国枇杷、竹节树等。

6.1.4.5 特殊区域植物配置

1）迎风面和风口区植物配置

城市的迎风面和风口区受台风影响最为严重，容易造成植株倒伏和折断，影响景观效果，并造成一定的经济损失，因此在迎风面和风口区最好采用群植的配置模式，尽量不要采用孤植、对植等配置模式。在树种选择上，以红刺露兜树、狐尾椰、蒲葵、香樟、小叶榄仁等抗风性较强的一级抗风树种为主；为兼顾景观和物种多样性原则，同时应合理搭配一些二级抗风树种，少量种植三级抗风树种，采用

"大乔木+小乔木+灌木+草本"的组合模式，从而形成层次丰富、结构稳定、配置合理、景观优美的自然或近自然式的植物屏障（苏燕平，2013）。乔灌草的组合模式应该合理密植，保证通风性；对于根系发达的树种，要扩大种植穴，让树木根系得以伸展；对于深根系树种，要加深种植穴，同时加强支护管理，注意支护方向，以提高群落的抗风性（祖若川，2016）。在保证抗风性的同时，还要考虑树丛的组合、平面构图、色彩、季相及园林意境（吕玉奎，2016）。

2）背风面和避风区植物配置

城市的背风面和避风区受台风灾害影响较小，植物配置主要考虑观赏性，与常规的植物配

置类似，采用自然式配置和规则式配置均可。自然式配置可采用孤植、群植、带植、丛植、对植等配置模式；规则式配置常采用行植、正方形栽植、三角形栽植、长方形栽植、环植等。

孤植和对植模式受台风影响较大，应选择树形优美的深根系树种，如高山榕、印度紫檀、五月茶等，并确保树木根系有足够的伸展空间。带植、丛植的配置结构也不能形成较强的防风结构，可以选择抗风性较强的一级和二级抗风树种，如小叶榄仁、法国枇杷、椴伞枫（*Heteropanax fragrans*）、假苹婆、鱼木（*Crateva religiosa*）等植物。群植模式抗风性较强，受台风影响较小，为保证观赏性，可以多种植观赏性强的三级抗风树种，如风铃木类、木棉类、羊蹄甲类等开花树种，从维持生物多样性和生态平衡的角度，也需要合理配置一些一级和二级抗风树种。进行群落植物配置时，要顺应地势、讲求优美的林冠线和林缘线，考虑树木的动态变化，保证四季皆有花可观、有景可赏（吕玉奎，2016）。规则式配置种植密度一般比较小，抗风性较弱，应多选择一级和二级抗风树种。

6.2 施工阶段

城市园林绿化施工是园林项目建设的重要一环，需要将理论与实践相结合，实行有效的技术管理、质量管理，提高园林绿化工程的整体建设质量，减少人为因素影响，提高抵抗台风等自然灾害的能力。

6.2.1 栽植前的准备

6.2.1.1 种植土处理

土壤的质量状况对植物的生长至关重要，城市土壤多为客土且含有较多的建筑垃圾和石砾等杂质，影响根系纵向和横向的伸展，同时影响根系的固结力，使树木易遭受台风侵害产生倒伏现象。

种植土的基本理化指标为：pH值=5.0~7.5，EC（mS/cm）值=0.15~0.9，有机质（g/kg）≥17.6。土壤质地应为砂质壤土、壤土、粉砂壤土、砂质黏壤土、黏壤土或粉砂质黏壤土。不符合种植土质量要求的土壤应进行改良。乔木种植土有效土层厚度应大于90cm。

种植树木时，树穴30cm范围内应尽量减少砖瓦、石砾等杂质，若种植土中存在这些杂质，可用过筛或换土的方法解决。换土最好为黏壤土或者是肥沃的冲积土，回填土可将种植土和腐殖土混合使用，既能保证回填土的水、气、肥综合性能，又能保证根系的固着力，促进根部愈伤组织的形成，有利于新根的生长（上海园林集团，2009）。根系培土时可创造微小地形，避免台风来临时因积水过多造成土壤松软，从而增大树木倒伏率。

▲图6-11 种植土处理

6.2.1.2 种植穴布点与处理

为保证苗木根系正常生长，使之免遭施工伤害，种植穴布点要与市政设计相配合，以避免种植穴周围开挖次数过多。常态化的挖土施工不利于根系生长，所以应尽量选择在地下管线已经一次性铺设完毕的地点进行栽植，以减少苗木根系损伤（黄志鹏，2018）。

根系必须要有足够的生长空间，才能保证根系功能机制的正常运转。胸径10cm以上的乔木采用扩大穴种植，有效土层宜达1m以上；胸径10cm以下采用标准穴种植，换土0.8~1.0m深。城市园林树木的种植穴大小应在移栽树木根系或土球的基础上，将直径增大60~80cm、深度增加20~30cm，使根系和土壤更充分地结合。若种植穴过深，园林树木很容易通气不畅或形成积水；若种植穴过浅，植物根系无法深入地下，容易遭受台风的侵害，特别是对于新栽植树种来说，根系不牢固易发生倒伏（周丁一和王英姿，2018）。若种植土壤过于贫瘠，可在穴底垫一层腐殖质或泥炭土作为基肥，然后铺上一层厚度为5cm的种植土壤，这样有利于根系生长，增强树木的抗风性。

▲图6-12 挖穴与处理

6.2.1.3 苗木选择与处理

只有在城市顶层规划阶段充分重视园林绿化，将节约型、生态型、抗风性、功能完善性园林绿化的具体要求落实到规划方案中，才能从源头上增强城市园林防风抗灾的能力。此外，预留足够的绿化种植空间，也可以避免城市园林绿化树种出现头重脚轻的情况。

在植物选苗过程中，要多用实生苗，少用高压苗，最好选择枝条健壮、根系发达、没有病虫害的园林植株，不宜选择过大的苗木。因为树木根系的生长需要一个过程，短时间内根系很难扎根于土壤深处，高大苗木在栽植早期往往会出现头重脚轻的现象，遭受台风袭击时，极易发生倒伏。一般来说，宜选择胸径为5~6cm的中树苗，这类树木正处于树木生长的旺盛阶段，栽植后根系能够健壮生长（黄志鹏，2018）。

进行苗木移植前，需做断根处理，同时对树冠容易恢复的大树进行重剪。由于新栽苗木往往根系不发达，抵抗台风的能力较弱，因此应去除部分侧枝，将保留的侧枝进行疏剪或者短截，并保留原树冠的1/3，待地上部分与地下部分达到新的生理平衡状态时，再进行树木移植。这样可以大大提高移植成活率，同时提高树木抵抗台风的能力（林钊，2014）。

6.2.2 苗木栽植

为切实增强园林的防风抗灾能力，需建章立制，完善种植标准，提升施工水平，探索长效机制；为提升滨海城市园林绿化工程施工的质量、规范质量验收及抗风效果，需制定一系列滨海城市园林绿化防风减灾标准，对园林绿化树种选择、树木加固措施、日常修剪方法、种植土壤要求、种植土层厚度、台风前应急修剪等环节予以详细规定。这样才能在加强园林绿化建设标准化、品质化和精细化的同时，有效提升园林绿化的防风抗灾能力。

鉴于台风对园林树木的影响，苗木种植应特别注意以下几点。

6.2.2.1 拆除包装物

苗木栽植过程中，应将乔木吊至种植穴放稳后，再拆除包装物。包装物会抑制根系和土壤充分接触，阻碍根系横向和纵向的伸展，从而影响苗木的抗风性。若土球松散，则腰绳以下部分可不作拆除，但腰绳以上部分必须拆除。若种植树木易成活或移植季节适当，可选择裸根进行移植，施入适量生根剂促进根系生根，同时剪去劈裂根、病虫根、过长根，注意剪口要平滑。

6.2.2.2 苗木种植及地下固定支撑

种植时要注意按照植株原向种植，以使树木更好地适应新的生长环境，提高移栽成活率。华南地区的强台风绝大多数是从东南方向吹来，强度高、风速快、持续时间长。因此，我们设计和种植树木，首先要考虑所种植树木的根系生长方向，应确保树木根系在东南方向有足够的伸展空间；其次，树木的树冠不应向北方向偏冠。将苗木置于种植穴后，要使根系分布均匀，并矫正主根位置，保证根颈比地面高

5~10cm，再进行种植土回填，直到土层比地面略高为止，保证排水通畅，避免积水过多造成倒伏。

行道树由于受种植环境限制，采用地上支撑固定系统会影响道路绿化效果，同时阻挡车辆及行人的视线，给交通安全带来一定隐患，故可以采用地下支撑固定系统，在土球底部加置金属骨架，将底座打入侧壁或底部，然后对土球进行连绑固定，使之合为整体，从而提高苗木的抗风性和道路的美观程度。对于较大、根系不发达的苗木，可以在地下和地上同时固定支撑，形成"双保险"（上海园林集团，2009）。

6.2.2.3 苗木浇水

栽植苗木后，应在栽植穴周围筑高10~20cm的围堰用于浇水，堰应筑实，不得漏水。新栽植苗木一定要浇透水，并向树冠喷水。之后的浇水量根据实际情况而定，能满足苗木生长需要即可。待苗木生长稳定之后，应适当进行干旱锻炼，使其根系纵向生长，以提高苗木的抗风性。

6.2.2.4 苗木地上固定支撑

乔木种植后应及时扶正，同时对树木做支撑，防止树身摇动，使根系与土壤保持紧密稳定的接触，保证水分的供应与吸收，促进根系生长。树木支撑时，要考虑台风风向因素，增加在西北方向的支护强度。根据树木规格和立地条件，可以采用三角支护、四角支护、联排支撑及软牵拉进行加固。三角支护的其中一个

支护（撑干）必须放在主风向上位，其余两根均匀分布；用软牵拉固定时，应设置警示标志；树干支护与地面接触处应分层夯实，埋入土中不少于30cm，土面下沉时，应该升高扎绑部位，以免吊桩；绑扎树木处应夹垫软质保护层；支护的树干务必直立。

行道树一般采用镀锌钢管或圆木的四角支护。树阵一般采用圆木的四角支护，若组成树阵的树木树形较大，可采用四角支护与网状支护相结合的方式。园林树木高度低于3m或分枝点小于1m的组团树阵，可采用"n"字形支护；若树木冠幅较大，可采用双"n"字形支护。树高不低于7m且干径小于25cm，可采用竹竿或圆木的三角支护；干径小于15cm，可采用竹竿的三角支护。树高大于7m且干径大于25cm的组团树阵，可采用镀锌钢管或圆木的四角支护。用软牵拉固定时，务必在明显部位设置警示标志。台风多发季，若台风瞬时风力超过8级，对于树木冠幅较大、土球较小、重心不稳的大型树木最好选用钢管支护。

园林树木支护须注意：①支护方向：三角支护的其中一个支护（撑干）最好设置在主风向上位，其余两根均匀分布于主风向下位，方形树池各支护杆需分布在各直角位；②支护加固措施：可在支护杆基部加设锚桩，以增加支护稳定性；③支护高度：支护与树木的着力点最佳位置为树高的1/3~2/3处；④支护角度：三角支护的两支护间的夹角为45°~60°，且以45°为宜，四角支护的两支护间的夹角为35°~40°。

大树移植后，半年养护期内须配备专职技术人员进行专业养护，做好整形修剪、抹芽、搭荫棚、喷雾保湿、设置风障、施叶面肥、浇水、排水、包裹树干、防寒和病虫害防治等一系列养护管理工作。确认大树成活后，方可进入正常养护管理。

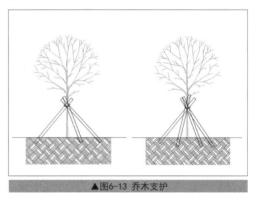

▲图6-13 乔木支护

6.3 管养阶段

城市园林养护管理是基于城市园林规划、种植设计意图,对植物进行形态培育、功能塑造、生态维持、环境保护，以发挥预期功能为目的而进行的定期、不定期作业。城市园林养护就是根据植物的生长发育需要、园林景观艺术和生态环境的要求，及时对园林中的植物进行科学的施肥、浇水、中耕除草、整形修剪、防治病虫害等技术措施（何振峻，2013）。

要做好树木防风性养护管理，首先要平衡地上部分与地下根系生长，对树冠进行合理修剪，尤其是在台风来临前，要加大修剪力度，调整园林树木的根冠比，保证其有足够的抗风能力，同时还要在保证树木景观效果的前提下，尽量剪除内膛枝、重叠枝、交叉枝等，以达到足够的透风率，减少树冠的受风面，降低台风对园林树木的影响；其次，要做好土壤、水肥管理工作，促进树木根系良好生长；最后，在日常养护中还应注意病虫害的防治，避免病虫害导致树木树势减弱。

6.3.1 整形修剪

园林树木的整形与修剪，是城市园林绿化养护管理中的一项重要作业，且对技术水平要求最高。科学合理的整形与修剪，可以改善树木的通风透光条件，减少风害，减少树木损伤、倒伏；可以优化树冠结构，形成整齐美观的树形，展现出与外部环境合理搭配的最佳效果；能够调节植物生长势，促进树木健壮生长、开花结实，减少病虫害；对于新栽和病弱树木，还可以减少养分、水分消耗，恢复树势。而不合理的整形修剪，不仅会削弱树势、破坏造型，而且会导致病虫害的发生几率急剧上升，甚至还会缩短植物的寿命。

以防御台风为目的的园林树木整形修剪，必须根据树木本身特有的生物学特性进行。各种树木的枝条萌发能力、愈伤能力、芽眼的饱满程度、枝条伸展规律和生长等都有其自身特性，同类树木不同品种的萌发能力和枝芽生长也有所差异，因此整形修剪也应区别对待。有的树木如榕树类、香樟、紫薇（*Lagerstroemia indica*）萌发能力强，可进行强度修剪甚至截干；有的树木若进行强度修剪，将很难恢复树形，实践中主要以摘芽控制为主。

园林树木的整形与修剪必须针对每棵树木进行个例分析，修剪时必须一知、二看、三剪、四查。一知：了解每种树木的生长习性，掌握修剪操作技术规程；二看：认真观察树木的环境、树势、树形等；三剪：去除不必要的枝（枯死枝、重叠枝等），将需要的枝进行剪截或长放，在期望长出枝条的方向留剪口芽；四查：检查修正或重剪，检查剪口处理。

以防御台风为目的的整形修剪，除了应遵循园林树木自身的差异以外，还应找到华南园林树木的普遍共性。

6.3.1.1 防御台风的整形修剪

以防御台风为目的的整形修剪，主要以疏剪为主，通过减少树身枝条数量、调整枝条分布，为树冠创造良好的通风条件，降低树冠的阻风率及病虫害的发生率，使树木增强防御台风的能力。台风到来前，应尽快剪除内膛纤弱枝、重叠枝、病虫枝、枯死枝、下垂枝、折断枝等无用枝，控制过长的徒长枝，以维持美观树形，提高树木抵抗台风的能力（图6-14）。另外，应根据环境条件和园林树木的特性，合理选择整形修剪方式和方法，使园林植物发挥最大的效应。

修剪时需注意，整形修剪的枝条应从分枝点基部全部剪除，切口与主枝或主干平齐，不留残桩；幼树一般轻剪或不剪，以促进其冠幅饱满、冠形美观；成年树应尽量剪除交叉枝、徒长枝、病虫枝、内膛枝、重叠枝、根蘖枝、下垂枝及干扰树形的竞争枝等，以增强其抗台风能力。

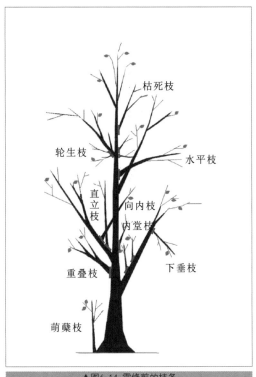

▲图6-14 需修剪的枝条

1）竞争枝的修剪

由剪口以下第二、第三芽萌发生长直立旺盛，与延长枝竞争生长的枝条，称为竞争枝（冯莎莎，2015）。对于竞争枝，应结合实际情况进行短截，从而增强延长枝或竞争枝，增强树木抵抗台风的能力。骨干延长枝强于竞争枝（图6-15a），应疏除竞争枝，保留骨干延长枝，促进骨干延长枝生长粗壮，进而提高抗风能力；骨干延长枝弱于竞争枝（图6-15b），应疏除骨干延长枝，保留竞争枝，以竞争枝替换骨干延长枝；骨干延长枝与竞争枝生长势相当（图6-15c），可对竞争枝重短截，对骨干延长枝轻短截，将竞争枝发出的枝条去强留弱，后期再全部疏除。

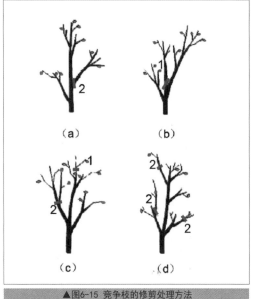

▲图6-15 竞争枝的修剪处理方法

注：1-骨干枝延长枝；2-竞争枝。

2）重叠枝、交叉枝和内膛枝的修剪

重叠枝、交叉枝和内膛枝是造成园林树木树冠内部浓密的枝条，以防御台风为目的的修剪，主要是对这些枝条进行疏除或短截，以增强树冠的通风性。针对交叉枝和平行枝，主要是疏除交叉枝和较弱的平行枝。针对内膛枝，若内膛枝是强枝，采取的措施主要是短截；若内膛枝为弱枝，采取的措施主要是疏除。

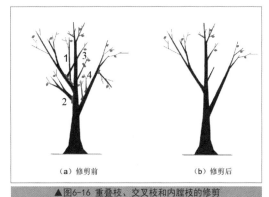

▲图6-16 重叠枝、交叉枝和内膛枝的修剪

注：1-疏除交叉枝；2-疏除平行枝(弱枝)；3-短截内膛枝(强枝)；4-疏除内膛枝(弱枝)。

3）剪除重的枝条

有的园林树木偏冠，适当剪除一些导致偏冠的枝条，可使其不至于畸形倾斜生长，使整个树形保持平衡且具有良好的通风性。

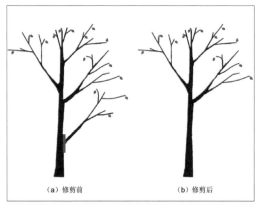

(a) 修剪前　　　　　(b) 修剪后

▲图6-17 剪除重的枝条

4）徒长枝的修剪

除了重叠枝、交叉枝和内膛枝外，树体内的徒长枝也是影响树冠通风性的主要枝条。徒长枝可依据有无伸展空间做不同的修剪处理。若徒长枝没有伸展空间，一般是疏除多余的徒长枝（图6-18）；若徒长枝有伸展空间即内膛空虚，一般是短截徒长枝（图6-19），待徒长枝侧枝萌发后，再进行进一步的选留修剪处理。

徒长枝

▲图6-18 疏除徒长枝（徒长枝无发展空间）

短截徒长枝

▲图6-19 短截徒长枝（徒长枝有发展空间）

5）根蘗的修剪

根蘗是指由树干基部的根蘗芽萌生出的小枝条（冯莎莎，2015）。根蘗可能是由病虫害或者土质造成的，它的生长直接影响上部枝条的生长，一般的处理方法是拨开土层，将其从基部疏除。

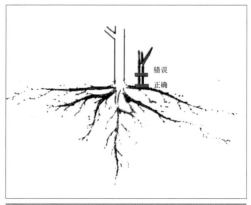

错误

正确

▲图6-20 根蘗的修剪

6）枯死枝和患病枝的修剪

枯死枝和患病枝也是影响树冠通风性的一类枝条。以防御台风为目的的整形修剪，要将这类枝条从基部疏除，以增强树冠的通风性，进而增强树木抗风能力。

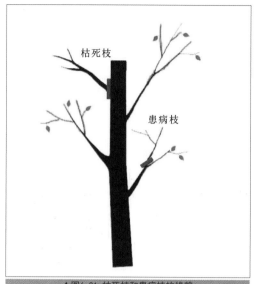

▲图6-21 枯死枝和患病枝的修剪

6.3.1.2 修剪切口

以防御台风为目的的整形修剪，修剪切口和剪口芽的方向决定未来萌发枝条的生长方向（图6-22）。剪口芽的选择，应依据树冠枝条的分布状况和期望萌发枝条方向而定。若希望树冠向外延伸，应选择枝条外侧的剪口芽；若希望填补内膛丰满度，应选择枝条内侧的剪口芽（图6-23）。一般要求修剪切口平滑，修剪切口与剪口芽成45°夹角斜面，从修剪切口的对侧下剪，斜面上方与剪口芽尖相平，斜面最低部分和芽基相平，这样剪口伤面小，容易愈合，保留芽萌发后生长速度较快（吕玉奎，2016）。

园林树木枝条应于分枝点处剪去，修剪切口应与树干平齐，不留残桩。为防御台风进行的疏枝是为了增强树冠的通风效果及降低树冠的阻风率，因此应选择枝条外侧的剪口芽。修

剪较大树枝或树干时，应在修剪切口上方20cm处，从枝条下方向上锯一切口，深度为枝条的1/3~1/2，再从枝条上方将枝干锯断，然后从锯口处锯除残桩，以避免枝干劈裂。锯除较大枝干时，一定要涂抹消毒剂和保护剂，以防止腐烂，也有利于伤口愈合。

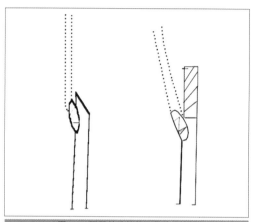

▲图6-22 不同剪法的剪口芽的发枝趋向

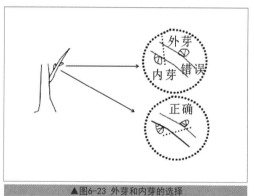

▲图6-23 外芽和内芽的选择

6.3.1.3 巧妙运用短截

疏枝和短截是园林植物整形修剪中最常用的两种方法。日常行道树的整形修剪以疏枝为主，很少涉及短截。疏枝可以剪除重叠枝、交叉枝、内膛枝等，改善植物的整体通风性，在一定程度上缓解台风对园林植物的影响。若疏

枝疏除的不是重叠枝、病虫枝、交叉枝等无效枝，而是正常的发育枝，会导致植株整体与母枝的生长势削弱。短截与疏枝截然不同，短截去掉了枝端顶芽，削弱了顶端优势，会促进下部新梢成枝力增强，创造适宜的植物学状态。

6.3.2 土壤、水肥管理

新定植5年内的乔木，应定期浇灌及施肥，并进行促根处理。对于生长稳定的树木，应依据树势及立地条件，进行合理的土壤理化性质改良及水肥管理，促进其根系生长和树势恢复，使树木呈现良好的景观效果。

6.3.2.1 水肥管理

新植树木因根系受损，吸水能力有待恢复，根系分布范围小，对水分的需求过多地依赖灌溉，因此要加强水分管理。后期浇水量根据实际情况而定，满足苗木生长需要即可，待苗木生长稳定之后，应适当进行干旱锻炼，使其根系纵向生长，以提高苗木的抗风性。新种胸径大于10cm的树木，埋施尿素或喷淋促根剂以及含海藻酸、腐植酸、黄腐酸等成分的产品，具有非常好的促根养根功效；生长稳定的树木，可埋施复合肥或充分腐熟的有机肥。

6.3.2.2 土壤管理

树木的立地土壤理化性质发生变化，如出现土壤板结、透气透水性差、贫瘠、沙化、酸化等问题，影响根系正常生长，应进行土壤改良。增加土壤透气性是促进根系生长的有效措施，可通过增施生物肥，或在树穴周

边采用镂空铺装、铺设透水砖等方式，增加土壤的透气透水性，同时可有效防止踩踏压实地面。在古树名木的复壮技术和方法的研究中，采用树木活力机钻孔、通气并填充营养料的方式，对改善土壤理化性质具有良好功效，因地制宜地结合其他措施综合治理，可以有效促进树木根系生长。

▲图6-24 用透水通气材料覆盖表土

6.3.3 病虫害防治

城市园林树木病虫害防治是植物病理学和植物昆虫学两门学科知识的综合，因园林树木所处的环境有所差异，导致其与林业和普通农作物病虫害防治既有共性又存在特殊性（何振峻，2013）。乔、灌、花、草、地被植物等构成了多样的园林生态环境，为病虫害的发生和交叉感染创造了有利条件，为各种病虫害的传播、蔓延提供了多种渠道。

常见的病害主要有真菌病害、细菌病害、以及其他病害。其中，常见的真菌病害主要有

褐斑病、锈病、白粉病、溃疡病、黑斑病、炭蛆病、灰霉病等；常见的细菌病害主要有细菌性软腐病、细菌性角斑病、细菌性青枯病等；常见的其它病害主要有桑寄生、根结线虫病、菟丝子等。常见的虫害主要有钻蛀性虫害、食叶性虫害、刺吸性虫害等。

病虫害防治，应以防为主、防治结合，需尽早发现并确定其类型和治理措施，针对可能出现危害扩大的情况，尽早进行防治。防治措施主要有事前预防、物理防治、化学防治和生物防治等。

6.3.3.1 事前预防

通过合理修剪、改善土壤、加强水肥管理等手段，促使植物健壮生长，进而增强其抗性。合理修剪不仅可以增强树势，而且可以有效预防病虫害的发生。比如，通过合理修剪，可以改善园林树木的通风透光，进而可以抑制蚧壳虫、粉虱等虫害的发生。通过改善土壤结合深耕施肥，可将表层或落叶中的病虫深翻入土，一定厚度的覆土可以扼杀深埋地下的病菌，还能让害虫无法孵化、羽化，有效减少病虫害的发生。防治刺吸性虫害的最佳防御期为虫害发生初期（若虫期），此时虫害体外保护物少、抗性弱，可选用溶蜡和内吸性强的无公害药剂，以减少杀伤该类虫害的天敌为原则。对于蚧类害虫应强化检疫措施，防止人为传播。

6.3.3.2 物理防治

物理防治，就是采用人工捕杀，或利用一些害虫的趋光性设置灭虫灯进行诱杀，或采取超声波、热处理、射线照射等方法处理种子和枝条，消灭病虫害。人工捕杀天牛成虫、摘除虫卵等，不污染环境，易实施。大多数害虫的视觉神经对波长330~400nm的紫外线特别敏感，采用灯光诱杀能消灭几百种园林害虫（陈平，2016）。

针对钻蛀性害虫的物理防治，在害虫成虫产卵期和幼虫尚未钻入木质部之前，若发现树木上有排粪孔或产卵刻槽，应立即用机械工具挖出虫卵和幼虫杀死；或者用注射器将敌敌畏、敌百虫等药剂注入孔内，并封堵好孔口。在成虫初期，在枝、干伤疤边缘涂抹涂白剂或毒泥浆，能防止一些钻蛀性害虫产卵。

6.3.3.3 化学防治

目前控制病虫害大爆发和消灭虫源的主要措施是化学防治。事前做好预测预报，正确使用有针对性的化学药剂适时进行防治，一般可取得良好的防治效果。

针对褐斑病、锈病、白粉病等真菌病害，在病害发生初期，可以喷洒灭病威600倍液保护，保护后交替喷洒50%退菌特500倍液或30%氧氯化铜600倍液；在病害发生期，对病害树木树冠喷洒250~320筛目的硫磺粉；在病害发生前、病害发生后，可喷洒36%甲基硫菌灵悬浮剂800倍液，每10天喷洒一次，喷洒2~3次即可。

针对细菌性软腐病、细菌性角斑病等细菌

病害，可在病害发生期喷洒25%络氨铜锌或25%溴硝醇。

针对桑寄生病害，应及时修剪病害枝条，对于树干或较粗的枝条采用波尔多浆涂封；针对线虫病病害，应在病害发生期在发病植株附近穴施10%克线磷（施加量为4~8g/m²）或3%米乐尔（施加量为4~6g/m²）。

由于在化学防治过程中，一些害虫往往可以形成抗体，同时还会对土壤、水体、大气和动植物造成污染，故应尽量减少使用化学防治手段。

▲图6-25 园林树木病虫害防治

6.3.3.4 生物防治

生物防治是利用有益生物来防治园林病虫害，具有不污染环境、防治成本低、效果持久等优点。近年来，生物防治愈来愈受到人们的重视，值得园林行业大力推行。

生物防治中应用较多的是引进天敌昆虫。我国应用较多的寄生性天敌昆虫有赤眼蜂、肿腿蜂、姬小蜂、蚜小蜂和天牛蛀姬蜂等；捕食性天敌昆虫有蒙古光瓢虫、异色瓢虫等。多年实践证明，引进天敌昆虫对防治病虫害效果显著。

生物防治中的另一个类型是应用性外激素，如银海枣的红棕象甲的防治，可以借鉴国外关于红棕象甲的研究成果，根据国内棕榈种植区的实际情况，利用信息素制作诱捕器，采用以诱杀为主、化学防治为辅的综合防治措施，取得良好效果。

生物防治还有一个类型是以菌治虫，是指利用病毒、真菌、细菌等微生物来防治病虫。目前我国应用最广的细菌制剂主要有真菌制剂白僵菌（可有效遏制鳞翅目、直翅目、同翅目等害虫）、病毒制剂颗粒体病毒等，此类制剂无公害，防治效果好，且不污染环境。

6.3.4 基于台风防治的园林树木分季养护管理

园林树木的抗风性与养护管理有着密切联系。减少树木病虫害，加强水肥管理，促进树木根系横向纵向发展，定期对树木进行修剪，去除枯枝、病虫枝等多余的枝干，对提高树木的抗风性具有重要意义。做好灾前准备工作，加强支护管理，也可有效降低台风对树木造成的危害。

6.3.4.1 春季养护管理

春季气温逐渐回升，应逐步撤除防寒设施，同时要注意病虫害的防治，适时喷洒石硫合剂，在树干缠上截杀环，并注意垃圾清理，给树木营造一个良好的生长环境，有效降低草履虫、蚜虫、黑斑病、白粉病的危害。春季应及时对树木进行修剪，春花树种应于花后再进行修剪，同时要注意树种的水肥管理。当气温开始回升时，园林绿地开始浇返青水，对乔灌木要一次浇透，秋冬季移栽的树种需要开坑浇水。为保证树木正常生长，应及时对乔木、花灌木施用复合肥。春季树种生命力较为旺盛，分栽补植存活率较高，可对宿根花卉进行分栽，对枯死乔灌木进行补植（缴丽莉等，2019；吕玉奎，2016）。

6.3.4.2 夏季养护管理

夏季是台风高发季节，应及时做好防台风工作。处在风口处、新栽植的树木和行道树极易遭受台风的侵袭，台风来临前应及时对树木进行修剪支护。夏季温度较高，植物因蒸腾作用大量失水，应及时补水，特别是新栽植物，浇水时间最好在早上或晚上温度相对较低时进行，浇水后要及时清除草坪内的杂草。夏季雨水多、湿气重，病虫害活动较为频繁，应采取"预防为主，综合防治"的策略，对病虫害进行防治，及时清理园林绿地的枯枝落叶、杂草垃圾，做好食叶类食根类害虫的防治，并适时喷洒多菌灵、粉锈宁可湿性粉剂等药物以防止病菌感染。同时，还要及时对乔灌木进行抹芽，避免养分流失。开花类乔灌木应于花后再进行修剪，对于种植密度较大的乔木，为保证群落的过风性，可对其进行重剪，主要是去除病虫枝和枯死枝（张素琴，2014；孙婧，2018）。

6.3.4.3 秋季养护管理

秋季台风发生也比较频繁。台风来临前，要对树木做好修剪防护工作；台风过后，应及时对树木进行救援，将损失降到最低。夏季过后，部分树木会出现枯死现象，秋季来临时要及时对枯死树木进行补植，补植可适当深植，轻度修剪即可。秋季施肥以有机肥为主，根据植物习性及气候条件合理施肥。肥料要深施，切忌让肥料裸露在地面。同时对树木进行开盘、松土和切边作业，以提高土壤的透气性，清除部分细菌和虫卵。此外，还应注意病虫害的防治，加强清园工作，将枯枝落叶和杂草全部销毁，防止炭疽病、锈病、红蜘蛛等病害发生（陈文彪，2019）。

▲图6-26 园林树木整形修剪

6.3.4.4 冬季养护管理

防寒保温是树木冬季养护的关键，可采用施厩肥、缠草绳、覆膜、搭设风障等措施。在华南地区，冬季低温少雨，需及时灌防冻水，在入冬前浇一次冬水，冬末时期浇一次春水，可以使树木免受冻害和枯梢。冬季树木根系会出现一次生长高峰，可适当施用一些有机肥或者化肥，以促进根系生长，增强树势，增强树木的抗风能力。冬季对树木整形修剪同样很重要，冬季修剪可以分为疏枝、短截、锯截大枝三种，可依据树木自身的生长特性来确定采用哪种修剪方式，依据树木长势确定修剪强度。冬季园林绿地枯枝落叶较多，应及时清理，消灭病虫源，同时把树干涂白，消灭树皮缝隙中越冬的虫害，减少树皮因昼夜温差造成的伤害（陈桂云和王全华，2013）。

6.4 政策建议

6.4.1 防风规划与总体规划结合

城市园林防风树种、防风策略应纳入城市总体规划的范畴，制定详细的防灾方案及相应的技术支撑方案。

首先，在总体规划的编制过程中，应做好城市建设用地的抗风树种选择、树池规划等，使抗风能力弱的景观区域尽量避开生态敏感地带。

其次，合理规划城市各区域，在滨海城市外沿设置足够的防风林带，在台风多发路段尽量选用抗风树种。

最后，在总体规划的范畴内，编制城市园林防风专项规划，制定详细的防风抗风策略与自然生态涵养策略。

6.4.2 防风规划的法制化与政策化

城市用地规划、园林绿化布局、绿化树木资源的防风与重建、灾前应急措施与预防措施等都与防风规划息息相关，这些台风防御手段都需要有明确的法律规定。

首先，国家、省、市、自治区应在法律的框架下，制定相应的防风规划、策略的法律法规，并长期执行。

其次，以法制化与政策化的形式，确立防灾预案，确保各部门有条不紊地执行。

最后，防风规划的法制化与政策化，是推动城市化进程合理、有序发展的重要手段；法制化的城市规划能够在更深层次上保证城市发展方案的合理、有效。

6.4.3 建立园林台风灾害预评估与应急响应集成系统

基于应急响应集成系统的园林台风灾害临灾预评估对于防灾减灾具有特别重要的意义。快速检测与短临预报技术的日益成熟也使临灾预评估更加精确。

应加大针对园林台风灾害的科技投入，建立园林台风灾害预评估、台风联合应急决策、应急快速响应集成系统，尽可能降低台风灾害对市政园林的负面影响。此集成系统建立在台风历史案例与台风实时情况的基础上，能帮助总协调者迅速作出高效决策，随着历史台风案例的增加，更有利于发挥长期效益。

园林台风灾害风险预评估是指利用风险分析的手段或观察外表法，对尚未发生的台风灾害之致灾因子强度、受灾程度进行评定和估计，特指临灾预评估。预评估采用基于指标体系的数学模型法与台风灾害应急决策支持系统相结合的方法，可更高效地进行灾害损失预评估。将台风灾害应急决策支持系统作为台风灾害信息管理及评估技术平台，构建可动态更新的当地历年来园林紧急事件发生的可能性、灾情等级、影响范围、重点影响区域、损失情况等相关知识数据库，在业务系统中嵌入评估模型，输入致灾因子中各项指标的预测、预估值，即可计算出可能受灾的园林树木倒伏、折断等典型灾害损失指标，以实现快速、实时的业务化预评估和预警。

6.4.4 强化行业监管

从项目的全生命周期角度看，各地在项目可行性研究、规划、设计以及后续维护等阶段存在拍脑袋的决策、想当然的规划、不切实的设计以及象征性的管养维护等问题。对此，政府部门应制定相关政策，建立景观效果评价制度，实行园林绿化工程质量负责和责任追溯制度、园林绿化考评考核制度等，强化全过程全链条的制度建设和监管。政府是领导者，更是监管者，应该牵住监管的牛鼻子，用好监管的刀把子，让园林行业回归初心。

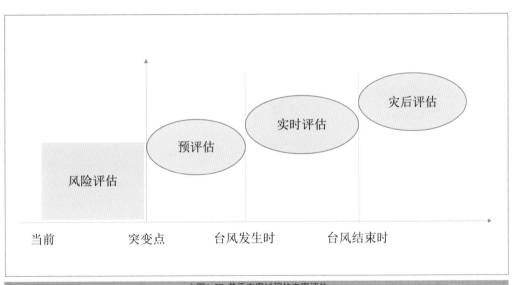

▲图6-27 基于灾害过程的灾害评估

第七章 台风灾害应急决策支持系统

台风灾害具有发生的突然性、灾害的不可控性、后果的不确定性、处理的紧迫性等特点，对滨海城市园林景观的影响范围广、影响程度重。当前城市园林管理部门和施工养护部门对于城市园林数据的应用主要处于数据处理的原始层面，由于城市园林系统内各种资源环境要素及其相对应的城市建设等因素变化较频繁，城市园林在时空特性上呈现出复杂性和较强的不确定性。针对如此海量、繁琐、庞杂的原始数据，传统数据管理方法显然已不能适应。使用现代IT科技手段，利用数据库技术来建立台风对园林影响的评估与应急决策服务系统，具有重要意义。

以台风灾害事件应急管理系统和过程分析为基础，进行台风灾害统计信息的收集、园林台风灾害评估与应急决策，对政府园林部门进行灾害预防有重要作用。按照"台风灾害事件应急系统构建—事前应急管理—事中应急管理—事后应急管理—应急综合能力评价"的主线开展相关工作，可覆盖台风灾害的灾前预警、灾中响应、灾后恢复全过程，能实时、有效地对台风给城市园林造成的灾情进行预评估和灾后评估，以形象直观的图形、表格、文本形式输出结果，有助于相关部门迅速采取合理有效的措施。

7.1 建立系统体系的现实意义

台风灾害往往会造成区域性影响，受灾地区的局部危机极易扩大为大片区危机，甚至扩散为更大面积的危机。因此，加强台风危机管理，尤其是台风灾害快速响应是当前台风频发地区政府面临的一项重大课题。

7.1.1 构建和谐社会的必然要求

全面加强应急管理，是关系国家经济社会发展全局、人民生活稳定和人民群众生命财产安全的大事，是构建和谐社会的重要内容。当台风灾害爆发时，灾区人民生活会受到极大创伤。若不能在台风灾害事前、事中、事后及时采取有效的应

急措施，各个部门不能有效地联合工作，面对台风灾害我们就无法及时响应，灾情将不会有效控制，势必造成灾区人民的极大不满，破坏社会和谐。

7.1.2 维护政府形象的必要条件

台风灾害发生后，若各部门相互推诿，不能采取及时、有效的联合行动，不能将灾情、救灾措施及时有效地传递给受灾民众或配合部门，势必影响政府形象，降低人民对政府的信任。因此，加强园林台风灾害危机管理有助于政府各部门更好地协同配合，实现对灾情的有效控制，更好地维护政府形象。

7.2 系统总体设计

在台风灾害发生的最初几小时（或灾害持续时间很长时的最初几小时），总协调者应同步采取一系列关键行动，包括甄别事实、深度分析、控制损失、加强沟通（王成，2001）。事实上，每一次台风灾害本身既包含导致失败的根源，也孕育着成功的种子，发现、培育以便收获这个潜在的成功机会，就是灾害管理的精髓（奥古斯丁，2001）。建立在台风历史信息收集、实时数据收集、人工智能决策等基础上的台风灾害园林应急决策支持系统（图7-1），能准确把握最关键的几个小时，并提供最佳解决方案，可避免传统台风灾害应急处理的缺陷。

台风灾害园林应急决策支持系统在深入分析园林抗台风减灾需求的基础上，遵循"总体部署，统一规划，无缝对接，数据精准，预案实用，信息共享"的开发总原则，提出结构合理、系统设计先进、功能多、扩充性强的总体设计方案。该系统可通过数据库和模型库，使灾害总协调者通过人机交互界面对园林的台风灾情实况进行实时监控、与历史相似台风灾情进行快速匹配、对园林的台风灾情进行实时快速甄别、对园林台风灾情的实时评估结果进行查询，并借助园林行业专家、台风知识专家系统做出台风应急管理决策。

台风灾害园林应急决策支持系统以支持总协调者准确、迅速地做出科学决策为出发点和落脚点，可迅速为其提供分析计算手段以及有参考价值的历史范例和经验，启发总协调者迅速识别风险点，辅助其寻求问题解决方案及制定决策方案，并最终对防台风后果进行模拟仿真和评价。

台风灾害园林应急决策支持系统是一个人机交

▲图7-1 台风灾害园林应急决策支持系统界面

互平台，能够将气象信息、风情信息、雨情信息、台风预报实时信息、台风风险识别、台风应急预案、历史类似案例决策等信息进行汇总，将决策信息进行分类，并将可视化信息分别传送给相关部门或部门相关负责人，为各部门协同抵抗台风提供一个信息化平台。该系统具有实时性、灵活性、协同性等特点，能根据协同部门需求进行适应性配置。

系统决策支持功能由总协调者与计算机系统反复交互才能实现，系统能将高速度大容量的数据存储能力、有序的思维判断能力、人工智能、人工思维应变能力等融为一体。人机交互平台使系统不断趋于人工智能、人工思维、人工判断，是系统最人性化的模块。

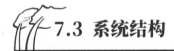

7.3 系统结构

台风灾害园林应急决策支持系统是充分运用计算机科学技术，建立能对决策的各主要环节提供有力支持的系统。该系统总体设计结构为：以数据库、知识库和模型库为基本信息支撑，通过应用层搭建决策支持系统的运行环境，辅以气象专家、园林专家、主管部门等专家库与计算机的决策交互评估，有效实现台风监测、预测预报、防台风决策、园林灾情评估等功能，并通过专家库与计算机决策交互不断完善系统平台（图7-2）。

7.3.1 数据采集

由于台风灾害具有突发性、破坏性、不确定性、紧迫性和信息的不充分性，信息量的增加也就意味着风险的减少（王湛，2008）。因此，加强台风数据采集是减轻台风灾害的重要措施。20世纪60年代以来，气象卫星遥感技术取得了重大突破，在时间和空间的连续性上取得了前所未有的成绩。卫星云图时空分辨率高、覆盖面广，在气象领域应用广泛，弥补了海洋区常规探测手段的不足。Hayden研究了基于CMSS/NESDIS的云导风推导中的自动质量控制，为解决云导风用

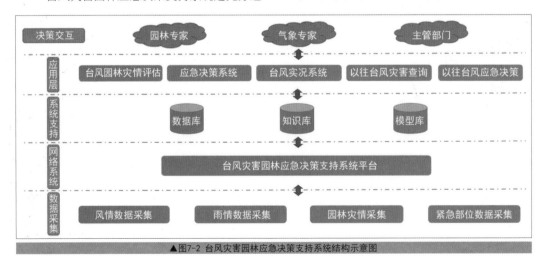

▲图7-2 台风灾害园林应急决策支持系统结构示意图

于台风中心定位的关键问题奠定了基础（Hayden C M，1997）。李英等基于上海台风研究所的台风资料和FY-2卫星半小时一次的遥感资料等，研究了台风登陆过程中结构上的变化，并且分析了台风的强度、路径和风雨分布的一系列变化规律（Ying et al.，2009）。

台风灾害园林应急决策支持系统的数据采集主要包括历史台风灾害园林资料、气象资料、风情数据、雨情数据、园林灾情、紧急部位数据采集等，为园林防台风工作提供灵活的信息服务。以上数据均是实时数据采集，信息的实时准确是正确决策的基本条件。

7.3.2 网络系统

网络系统中储存着与台风应急预警机制建构有关的技术、社会、管理和经济等各方面信息，并具备信息分类、整理、统计和辨识功能。随着时间的推移，网络系统的信息将不断增加、删除、更新等。

7.3.3 系统支持

系统体系是以可视化、信息、模型和物联网技术为手段，综合运用现有的各种数据库、知识库、模型库的智能系统，可为总协调者提供一个将以往知识与经验、实时环境、最佳处置方案、专家经验等定性与定量相结合的决策环境，同时行业专家可与计算机系统交互，不断优化辅助总协调者进行决策活动。

台风灾害园林应急决策支持系统体系所需的数据量是非常庞大的，因此必须建立依托于计算机系统的数据库、知识库和模型库。数据库用于存储与决策支持有关的气象、园林、应急等相关领域的数据，其功能是完成数据的录入、分类、汇总、整理、统计、储存和更新等工作。知识库用于科学合理地组织关于台风的相关可借鉴性知识，包含构成可选择方案的知识、建立可选择方案评价模型和评价标准的知识、修改预选方案的知识等（隋广军等，2015）。模型库是在对描述的对象与过程进行大量专业知识比对的基础上，对总结出来的客观规律进行抽象和模拟，是联系支持系统与专业领域的纽带，是综合分析处理和利用数据的工具。

总的来说，台风灾害园林应急决策支持系统体系是一个用来支持决策行为的计算机信息系统。支持系统将数据存取、检索功能、建模分析、数据分析等功能有机结合起来，可以帮助总协调者完成半结构化的决策任务。

7.3.4 应用层

应用层包含人机交互、方案设计、方案决策和执行反馈等。

首先，人机交互过程是利用各行业专家主观判断、信息沟通和反馈等手段，不断优化指标警限设定、随机出现的各种警情判定等支持系统数据，以期达到人机智能化互动，使台风灾害园林应急决策支持系统体系的预测结论更接近实际情况。各行业专家应该是预警指标所涉及的园林行业领域的资深人士和富有实际经验的工作人员，专家的数量和知识结构应以能够覆盖整个预警指标体系所涉及的范围为依据。

其次，方案设计是根据台风暴雨、园林生态、风情、雨情等，对台风发展趋势进行预测预报，结合台风灾害园林应急决策支持系统数据库、知识库、模型库提供的历史参考数据，对防台风形势进行科学的分析与归纳，形成园林防台风减灾决策的可行性方案，并对不同可行性设计方案的风险及后果进行评价。

然后，方案决策是指总协调者组织行业专家与支持系统进行人机交互，在充分认清防台风形势的基础上，不断优化设计方案，并通过会商进行方案调整和补充，选出满意方案并尽快予以实施。

最后，执行反馈是指总协调者通过台风灾害园林应急决策支持系统对执行情况及执行结果进行实时反馈，支持系统根据反馈结果，实时观测执行结果与预计结果是否出现偏差。若无偏差，支持系统将继续对执行情况及执行结果进行实时观测；若出现偏差，支持系统将对防台风决策进行动态修正和调整；若偏差较大，支持系统将在进行动态补正和调整的同时，对执行方案进行及时纠偏，并将实时反馈及修正、补正方案及时反馈至支持系统的知识库。

7.4 系统功能

台风灾害园林应急决策支持系统能够根据气象部门提供的台风实时气象数据、台风气候特征数据库、历史灾情知识库、园林台风灾情评估、区域风险评估、区域经济地理数据库、园林台风灾情模拟等，提供直观的风险区域地图。支持系统主要包括园林台风灾害知识子系统、园林台风灾害评估子系统、台风联合应急决策子系统等。

7.4.1 园林台风灾害知识子系统

园林台风灾害知识子系统主要提供园林台风灾害历史案例查询、台风实时数据传送及园林台风灾害防灾减灾知识等。台风知识子系统与台风路径、中国天气台风网等官方主页链接，当台风升级、转向或登陆时，台风知识子系统可借助系统建立的人机智能互动模块直接向相关负责人传递预警信号。

7.4.2 园林台风灾害评估子系统

园林台风灾害评估作为应急管理的基础工作之一，在台风灾害前、应急管理中贯穿始终。台风灾害园林应急决策支持系统一旦监测到任何异常迹象或酿灾因素的发生，即通过台风灾害评估子系统确定相关因素，尽可能取得各因素的观测值，分析评价当时当地园林紧急事件发生的可能性、灾情等级、影响范围、重点影响区域、损失情况等，并立即通过支持系统发布预警信号，提出应对之策。

园林台风灾害评估子系统主要建立在因果相关性分析的基础之上，通过寻找、筛选事件相关因素，借助支持系统的模糊聚类方法展开研究，进行因果相关分析，从纷繁复杂的关系中找出相关因素，确定相关因素与预测对象之间的函数关系。但在实践中，要搞清这一函数

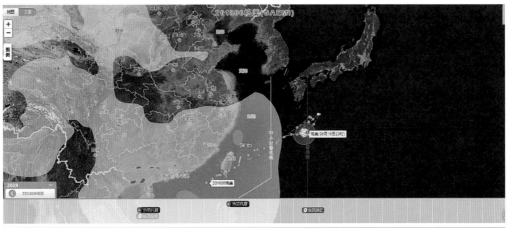

▲图7-3 园林台风灾害知识子系统之台风路径知识库（来源：中国天气台风网）

关系的具体结构和准确表达式并不容易。园林台风灾害评估子系统由相关因素状态推测台风灾害风险水平的取值，以期达到监测预警的目的。

7.4.3 台风联合应急决策子系统

台风联合应急决策子系统是为总协调者提供应急对策的子系统，主要根据台风实时数据、雨情风情实时数据、台风历史知识、历史台风防灾减灾策略等提供台风防灾减灾决策。子系统针对具体台风为总协调者和相关部门提供各种合理、有针对性的应急预案，主要作用是启发提示、快速响应、避免决策失误等。

台风联合应急决策子系统根据树木倒伏情况、阻碍交通情况、树木倒伏断枝破坏情况等，提供台风应急救灾方案。救灾方案分为详细措施方案和简略措施方案两大类，包含区域树木倒伏抢救措施、人员伤亡抢救措施、树木倒伏断枝破坏抢救措施等。

台风联合应急决策子系统还设有人机交互功能，对于台风灾情指标警限的设定和不可测性警情的判定，均需要相关行业资深专家根据多年现场处置经验进行详细分析后再做决策，以弥补系统智能化缺陷，提高决策结论的实用性。

第八章　研究展望

目前，华南地区园林树木防风抗风方面的研究主要集中在抗风树种选择、园林树木抗台风生态评价、园林树木抗台风设计施工及养护策略、园林树木台风灾害调查等方面，对从整体层面重构沿海绿色防风体系建设、园林养护技术参数探索、华南地区防台风体系信息化建设等方面的研究较少，未来需组建专业的园林台风灾害研究团队，加大资金投入和政策倾斜，形成国家层面滨海城市防台风技术体系。

8.1 从整体层面重构沿海绿色防风体系

鉴于历年台风对滨海城市园林造成的影响，从华南地区整体层面防风抗风的角度出发，有必要对华南地区的绿地结构作进一步的深化和细化，充分考虑山脉、道路、水系、城市建筑等各种因素对防风抗风的作用，在华南全区域层面构筑缓冲风速、拦阻风力、引导风向、屏蔽风害的有效防风抗风结构，重新构筑整体层面的沿海多层次绿色防风体系。

8.1.1 构建多层沿海防风林带

华南地区是我国边缘海域最大、邻接国家和地区最多的南部区域，其海岸带是未来城市开发建设的重要区域。沿海防风林带的规划建设应与城市总体规划建设同步，根据台风防护需要加强规划建设。依据防护目的与造林形式，可构建具有三道防线的多层沿海防风林带。第一道防线由潮上带、潮间带和沿海环岛路的海防林组成；第二道防线由沿岸规模不等的湿地空间的防风林带组成；第三道防线由通过营造区域地形构建的防风林带组成。

在沿海防风林带建设过程中，应特别重视海岸防风林带土壤改良与造林树种的选择，充分利用群落自然演替原理，将海岸防护林带建设与景观生态学相结合，增强沿海防护林的整体景观效果。今后应规范海岸防护林带建设，规划和施工应由有相关资质的单位负责，同时海岸防护林的建设应载入相关法律、法规，做到有法可依，在实施过程中应执法必严，由林业执法部门对已建海岸防护林带景观开展不定期的督查。

8.1.2 巧设生态缓冲区和引风廊道

缓冲区域主要利用城市沿海干道的道路绿地和公园绿地形成绿色廊道，作为台风影响的缓冲部位。引风廊道主要利用城市景观绿地和防风林带形成的景观廊道，疏导和引导台风，可以有效减弱台风对人居区域的影响。滨海城市通过合理规划引风廊道，可使城市通风条件更加完善，这更多的是一种对城市结构的改造和对城市功能的完善，可以在一定程度上发挥防风作用。

合理规划引风廊道，主要目的是保证廊道引导风流，因此应从廊道走向、廊道宽度、廊道开敞空间和廊道相邻界面等角度进行控制。引风廊道走向应结合相应调查和气象资料，对规划区域大范围的主导风向进行确认，保证引风廊道风向的正确性。若廊道走向受现有条件限制，其与主导风向夹角控制在40°之内即可。廊道宽度和廊道开敞空间也是重要因素，应根据目前城市规模的分布状况，对廊道宽度和开敞空间进行合理规划。

8.2 从栽培和养护角度看防台风措施

目前人们防大台风的意识和经验相对不足，在园林植物的选择和配置上，大多把关注点放在了植物品种的多样性和观赏性上，而较少考虑树种的抗风性。因此，如何平衡园林树种的抗风性和景观性已成为一个重要课题。

从栽培和养护的角度来看，我们可以采取以下措施：

（1）"因树制宜"进行科学修剪，对不同树种采取不同的修剪方式。

（2）台风来临前，做好树木的地上加固工作，特别是对新栽、老弱和材质脆弱的树木。支撑方式有单脚护树架、两脚护树架、三角护树架、四脚护树架。

（3）通过加强水肥管理、施加植物生长调节剂、回缩树冠等途径，改良园林树木种植土，以期为园林树木提供优良的生长环境。

（4）栽种时适当增大树穴以及绿化带，有利于树木根系生长，增强附着力。

（5）以防为主，建立病虫害预防和监控体系。把虫害控制在大量发生之前，减少患病树，提高树木的抗风性。

（6）充分利用屏风效应，如构筑物或者高大树木等，这样可以尽量降低树冠重心，相对避免了"头重脚轻"的现象。

（7）编制防台风预案，提前准备好必要的工具材料、机械、人工、照明和通讯等设备，以便灾害发生后能快速投入救灾，减轻受灾程度。

8.3 台风灾后恢复

从风害后恢复和减灾的角度，我们可以做以下展望：

（1）台风过后应该在不违背林业相关法律法规的前提下，迅速组织开展生产自救，加强扶正树木的养护管理，使还能够生根发芽的树木恢复生机，最大程度地挽回损失。

（2）按照本研究推荐的抗风树种，选择抗风树种进行补植。

（3）重视立地环境的调查分析，力求因地植树，综合各方面的情况选择适合各个路段的树种。

（4）采用抗风的种植形式，使群落层次结构不以单层次出现。不在风场中的强风点位种植不抗风的树种。

（5）加强科研工作，实事求是地研究制定不同等级的抗风标准，既要引进新的树种，也要开发利用好本土抗风树种。

参考文献

[1] 曹新孙. 农田防护林学[M]. 北京: 中国林业出版社, 1983.

[2] 陈桂云, 王全华. 园林树木冬季养护管理技术[J]. 现代化农业, 2013, (03):37-38.

[3] 陈平. 山东半岛都市群园林绿色植保技术推广研究[D]. 泰安: 山东农业大学, 2016.

[4] 陈文彪. 秋冬季园林养护的八大窍门[J]. 林业与生态, 2019, (02):29-30.

[5] 陈勇, 李芳东, 廖绍波, 等. 深圳市生态风景林彩叶植物资源调查[J]. 中南林业科技大学学报, 2012, 32(08):12-17.

[6] 陈玉军, 郑德璋, 廖宝文, 等. 台风对红树林损害及预防的研究[J]. 林业科学研究, 2000, (05):524-529.

[7] 陈玉林, 周军, 马奋华. 登陆我国台风研究概述[J]. 气象科学, 2005, (03):319-329.

[8] 陈峥, 黄颂谊. 台风对城市园林树木的影响及灾后景观修复对策初探——以厦门"莫兰蒂"台风为例[J]. 现代园艺, 2018, (17):93-96.

[9] 冯莎莎. 园林绿化树木整形与修剪[M]. 北京: 化学工业出版社, 2015.

[10] 付晖, 朴永吉. 风灾对海边城市园林树木的影响及对策分析[J]. 现代园林, 2012, (4):14-16.

[11] 何春高. 相思树栽培试验及在沿海沙地防护林中的应用研究[D]. 南京: 南京林业大学, 2007.

[12] 何振峻. 试论杭州西湖风景区的园林养护[D]. 杭州: 浙江大学, 2013.

[13] 洪嫦莉. 强台风对长泰园林乔木危害调查及抗风技术对策[J]. 福建热作科技, 2017, 42(02):57-60.

[14] 侯倩. 热带滨海城市防台风防护林树种选择与群落结构配置研究[D]. 长沙: 中南林业科技大学, 2011.

[15] 黄开战. 杭州市园林绿化自然灾害应急管理研究[D]. 杭州: 浙江大学, 2010.

[16] 黄颂谊, 陈峥, 周圆. 珠海市"天鸽""帕卡"台风灾后行道树倒伏及复壮调研[J]. 广东园林, 2017, 6(39):91-95.

[17] 黄志鹏. "莫兰蒂"台风对厦门园林的影响及后续台风抢险建议[J]. 江西建材, 2018, (2):166-166.

[18] 缴丽莉, 庞曼, 刘海亮. 园林植物春季养护要点[J]. 现代农村科技, 2019, (06):47-48.

[19] 雷芸, 刘丽丽. 基于弹性城市理念的厦门本岛道路绿地抗风建设策略[J]. 风景园林, 2018, 25(06):35-40.

[20] 李慧仙, 信文海. 华南沿海城市绿化抗风树种选择及防风措施[J]. 华南热带农业大学学报, 2000, (01):15-17.

[21] 李禄军, 蒋志荣, 李正平, 等. 3树种抗旱性的综合评价及其抗旱指标的选取[J]. 水土保持研究, 2006, (06):253-254.

[22] 李曾中. 台风、低纬环流与中国天气[M]. 北京: 气象出版社, 2016.

[23] 林钊. 福州城市园林建设中大树保护性移植养护技术研究[D]. 福州: 福建农林大学, 2014.

[24] 刘俊，陆双莉，杨世彬，等.10个热带滨海城市防台风防护林树种的早期生长分析[J].热带林业，
2013，41(03):27-30.

[25] 罗伯特•希斯（著）.王成，等（译）.危机管理[M].北京：中信出版社，2001.

[26] 吕玉奎.200种常用园林植物栽培与养护技术[M].北京：化学工业出版社，2016.

[27] 宁惠娟，邵锋，孙茜茜，等.基于AHP法的杭州花港观鱼公园植物景观评价[J].浙江农业学报，
2011，23(04):717-724.

[28] 诺曼•R•奥古斯丁，等（著）.北京新华信商业风险管理有限责任公司（译）.危机管理[M].北京：
中国人民大学出版社，2001.

[29] 秦莲霞，张庆阳，郭家康.国外气象灾害防灾减灾及其借鉴[J].中国人口•资源与环境，2014，24(S1):
349-354.

[30] 秦寿康.综合评价原理与应用[M].北京：电子工业出版社，2003.

[31] 秦一芳，林双毅，高雅玲，等.台风对城市道路行道树的影响和对策——以福建省厦门市"莫兰蒂"
台风为例[J].中国农学通，2017，33(34):135-140.

[32] 邱明红，王荣丽，丁冬静，等.台风"威马逊"对东寨港红树林灾害程度影响因子分析[J].生态科学，
2016，35(02):118-122.

[33] 上海园林集团.世博园区行道树种植技术追笈[J].园林，2009，(12):28-31.

[34] 苏燕苹.福建平潭抗风耐盐园林植物的筛选与配置[J].亚热带植物科学，2013，(3):267-270.

[35] 隋广军，唐丹玲，等.台风灾害评估与应急管理[M].北京：科学出版社，2015.

[36] 孙洪刚，林雪峰，陈益泰，等.沿海地区森林风害研究综述[J].热带亚热带植物学报，2010，18(5):
577-585.

[37] 孙婧.北京园林绿地夏季的养护管理[J].北京园林，2018，34(03):51-54.

[38] 汤剑雄，徐礼来，李彦旻，等.基于无人机遥感的台风对城市树木生态系统服务的损失评估[J].自然
灾害学报，2018，27(03):153-161.

[39] 唐东芹，杨学军，许东新.园林植物景观评价方法及其应用[J].浙江林学院学报，2001，(04):64-67.

[40] 王良睦，王中道，许海燕.9914#台风对厦门市园林树木破坏情况的调查及对策研究[J].中国园林，
2000，(04):65-68.

[41] 王湛.突发公共事件应急管理过程及能力评价研究[D].武汉：武汉理工大学，2008.

[42] 吴剑光，林利平，鄞杰平，等.第19号台风"天兔"对汕头绿化树木破坏情况调查及应对措施[J].
农业灾害研究，2013，3(09):45-47.

[43] 吴显坤.台风灾害对深圳城市园林树木的影响和对策[D].南京：南京林业大学，2007.

[44] 吴志华，李天会，张华林，等. 广东湛江地区绿化树种抗风性评价与分级选择[J]. 亚热带植物科学，2011，40(01):18-23.

[45] 邬丛瑜，敬婧，陈波，等. 华南地区城市园林植物景观特色探讨[J]. 浙江农业学，2019，(06):1015-1020.

[46] 肖洁舒，冯景环. 华南地区园林树木抗台风能力的研究[J]. 中国园林，2014，30(03):115-119.

[47] 辛如如，肖泽鑫，李莉，等. 汕头市抗风绿化树种调查研究初报[J]. 粤东林业科技，2004，(01):12-15.

[48] 邢福武，曾庆文，谢左章，等. 广州野生植物[M]. 武汉：华中科技大学出版社，2011.

[49] 许士斌. 西北太平洋超强台风活动特征分析[D]. 青岛：中国海洋大学，2010.

[50] 杨东梅，王佳玫，陈华姑. 台风"威马逊"对海口树木的危害及防治对策[J]. 福建林业科技，2015，42(4):159-163.

[51] 杨建欣. 从台风防御角度探讨台风多发城市的植物景观营造策略[J]. 嘉应学院学报，2013，31(2):56-60.

[52] 杨小兰，曾春阳，文娟，等. 基于9号超强台风"威马逊"灾害谈广西沿海防护林建设[J]. 防护林科技，2015，(07):65-67.

[53] 杨钻孝. 台风"海葵"影响上海金山区绿化的特点分析[J]. 中国园艺文摘，2014，(4):93-96.

[54] 袁金南，林爱兰，刘春霞. 60年来西北太平洋上不同强度热带气旋的变化特征[J]. 气象学报，2008，66(2):213-223.

[55] 张彩凤. 海口市海岸防护林现状及景观海防林规划建设研究[D]. 海口：海南大学，2010.

[56] 张素琴. 园林植物的夏季养护[N]. 河北科技报，2014-06-19，(B06).

[57] 张德二. 中国三千年气象记录总集[M]. 南京：江苏古籍出版社，2004.

[58] 周丁一，王英姿. 台风多发地区植物抗风性能及其防护措施研究进展[J]. 汕头大学学报(自然科学版)，2018(1).

[59] 周春燕，陈育娟. 从"山竹"台风对广州园林树木的影响谈减灾对策[J]. 住宅与房地产，2019，(12):32-33.

[60] 朱廷耀，关德新，周广胜，等. 农田防护林生态工程学[M]. 北京：中国林业出版社，2001.

[61] 朱伟华，丁少江. 深圳园林防台风策略研究[M]. 北京：中国林业出版社，2008.

[62] 朱伟华，谢良生. 台风灾害对深圳城市园林树木的影响和对策——以9910号台风为例[J]. 广东园林，2001，(01):25-28.

[63] 祖若川. 海口市公园抗风园林植物的选择与应用[D]. 海口：海南大学，2016.

[64] 张东颖. 台风灾害对滨海城市园林树木的影响和对策[D]. 杨凌：西北农林科技大学，2018.

[65] 张丽杰. 基于数据挖掘方法的台风灾害风险研究[M]. 北京：科学出版社，2018.

[66] Brudi E, Wassenaer P V. Trees and statics: nondestructive failure analysis[C]//Tree structure and mechanics conference proceedings: how trees stand up and fall down. 2002.

[67] Brandle J R, Finch S. How windbreaks work[J]. 1991.

[68] Chen C W, Chen H, Oguchi T. Distributions of landslides, vegetation, and related sediment yields during typhoon events in northwestern Taiwan[J]. Geomorphology, 2016, 273: 1-13.

[69] Cucchi V, Bert D. Wind-firmness in Pinus pinaster Aït. stands in Southwest France: Influence of stand density, fertilisation and breeding in two experimental stands damaged during the 1999 storm[J]. Annals of Forest Science, 2003, 60(3):209-226.

[70] Hayden C M. Research in the automated quality control of the cloud motion vectors at CIMSS/ NESDIS[C]//Proc. second intl. Winds Workshop, Tokyo, Japan, EUMETSAT. 1997: 219-226.

[71] Jangir B, Satyanarayana A N V, Swati S, et al. Delineation of spatio-temporal changes of shoreline and geomorphological features of Odisha coast of India using remote sensing and GIS \ techniques[J]. Natural Hazards, 2016, 82(3): 1437-1455.

[72] Jing Y, Li J, Weng Y, et al. The assessment of drought relief by typhoon Saomai based on MODIS remote sensing data in Shanghai, China[J]. Natural hazards, 2014, 71(2): 1215-1225.

[73] Long J, Giri C, Primavera J, et al. Damage and recovery assessment of the Philippines' mangroves following Super Typhoon Haiyan[J]. Marine Pollution Bulletin, 2016, 109(2):734-743.

[74] Macamo C C F, Massuanganhe E, Nicolau D K, et al. Mangrove's response to cyclone Eline (2000): What is happening 14 years later[J]. Aquatic Botany, 2016, 134: 10-17.

[75] Nieuwolt S. Tropical climatology. An introduction to the climates of the low latitudes[M]. John Wiley and Sons, 1977.

[76] Papescha J G, Moore J R, Hawke A E. Mechanical stability of Pinus radiata at Eyrewell forest investigated using statio tests[J]. NZ J For Sci, 1997, 27:188-204.

[77] William R. Chaney. Should Newly Planted Trees Be Staked and Tied[M]. Extenion Pub, 1997.

[78] Ying L, Chuanhai Q, Lianshou C. A study on the eyewall expansion of Typhoon Sepat (2009) during its landfall process[J]. Acta Meteor. Sinica, 2009, 67(5): 799-810.

[79] Zhu J J, Jiang F Q, Takeshi M. Spacing interval between principal tree windbreaks: Based on the relationship between windbreak structure and wind reduction[J]. Journal of Forestry Research, 2002, 13(2):83-90.

[80] 蔡敏捷.台风"山竹"致广东4人死亡，直接经济损失42.49亿[EB/OL]. [2018-09-17]. http://news.sina. com.cn/o/2018-09-17/doc-ihkhfqns0776593.shtml.

[81] 简菊芳，崔国辉.专家解读超强台风"山竹"四大特点[EB/OL]. [2018-09-16]. http://news.weather.com. cn/2018/09/2935571.shtml.

附 录

深圳市公园100种常见园林植物形态学指标

序号	种 名	树木类型	平均树高(m)	平均胸径(cm)	平均冠幅(m)	平均枝下高(m)	干型通直度	冠形	叶层状况	根系状况
1	霸王棕	乔木	5.19	36.25	3.63	1.67	通直	开张	密	根系较发达
2	白千层	乔木	13.53	35.15	4.12	4.80	直	伞形	一般	根系较发达
3	波罗蜜	乔木	9.26	31.53	5.82	2.30	通直	伞形	浓密	根系发达
4	潺槁树	乔木	7.12	26.78	6.55	1.65	直	伞形	密	根系一般
5	池杉	乔木	10.71	27.43	3.00	2.86	通直	圆锥	一般	根系发达
6	垂叶榕	乔木	11.57	36.43	6.46	2.39	不明显	扁圆	浓密	深根系且发达
7	垂枝红千层	小乔木	5.75	16.50	3.14	1.32	弯曲	圆柱	密	根系较发达
8	大花紫薇	乔木	6.28	18.83	5.60	2.32	直	扁圆	密	根系较发达
9	大琴叶榕	乔木	7.28	24.54	5.78	0.90	直	伞形	浓密	根系较发达
10	大王椰	乔木	12.30	41.84	4.56	9.14	通直	开张	一般	根系较发达
11	大叶榄仁	乔木	8.58	30.16	5.28	2.57	通直	圆锥	密	根系较发达
12	大叶山棟	乔木	9.24	32.25	5.76	2.87	直	伞形	一般	根系较发达
13	短穗鱼尾葵	小乔木	6.82	12.18	3.50	4.91	直	伞形	浓密	根系一般
14	非洲棟	乔木	11.00	38.17	7.75	3.00	直	扁圆	浓密	根系发达
15	凤凰木	乔木	8.21	31.60	7.32	1.98	直	伞形	密	根系浅但发达
16	福建山樱花	乔木	3.50	16.00	3.43	1.24	不明显	圆柱	疏	根系一般
17	高山榕	乔木	10.32	43.33	7.50	2.23	通直	伞形	浓密	根系发达
18	宫粉羊蹄甲	乔木	6.80	21.72	4.32	1.32	弯曲	伞形	一般	根系浅不发达
19	广玉兰	乔木	8.23	27.13	4.47	2.12	直	伞形	浓密	根系较发达
20	四季桂	小乔木	4.30	15.00	3.87	0.45	不明显	扁圆	一般	根系较发达
21	棍棒椰子	乔木	5.05	24.00	1.75	3.25	通直	开张	疏	根系一般
22	海红豆	乔木	6.56	24.75	4.88	2.38	直	伞形	密	根系较发达
23	海南菜豆树	乔木	8.87	25.72	4.29	3.32	直	伞形	密	根系发达
24	海南红豆	乔木	6.63	25.76	4.50	2.21	直	伞形	密	根系一般
25	海南蒲桃	乔木	9.88	33.54	5.75	2.30	直	扁圆	浓密	根系较发达
26	红刺露兜树	小乔木	4.36	13.37	2.88	1.61	通直	开张	一般	直立气生根
27	红花天料木	乔木	12.35	40.43	6.89	2.58	直	伞形	一般	根系发达
28	红花羊蹄甲	乔木	6.89	20.65	4.58	1.57	直	扁圆	密	根系一般
29	红花银桦	小乔木	5.43	16.78	3.24	1.65	直	开张	疏	根系较浅
30	红花玉蕊	乔木	6.34	23.15	4.50	1.87	直	伞形	密	根系较发达
31	狐尾椰	乔木	8.70	29.54	2.87	6.00	通直	开张	密	根系较发达
32	大叶榕	乔木	9.14	35.61	7.13	2.01	直	扁圆	密	深根系，根系发达
33	黄花风铃木	乔木	6.80	17.66	4.72	2.26	直	伞形	一般	根系不发达
34	黄金香柳	乔木	6.54	17.00	3.50	2.24	直	伞形	密	根系较发达
35	黄槿	小乔木	5.32	21.98	5.23	1.38	直	扁圆	密	根系较浅
36	幌伞枫	乔木	12.85	25.43	4.12	5.54	通直	圆柱	浓密	根系较发达
37	鸡蛋花	小乔木	3.78	14.57	3.75	0.43	分枝多	扁圆	一般	根系不发达

（续）

序号	种 名	树木类型	平均树高（m）	平均胸径（cm）	平均冠幅（m）	平均枝下高（m）	干型通直度	冠形	叶层状况	根系状况
38	鸡冠刺桐	小乔木	5.67	23.13	4.58	1.68	分枝多	扁圆	一般	根系一般
39	假槟榔	乔木	12.35	24.67	3.13	9.77	通直	开张	一般	根系较发达
40	假苹婆	乔木	7.54	25.38	4.50	2.00	通直	圆柱	浓密	根系一般
41	尖叶杜英	乔木	9.00	27.76	5.50	2.30	直	圆锥	一般	根系发达
42	降香黄檀	乔木	8.23	23.07	4.76	2.42	直	伞形	密	根系较发达
43	金山葵	乔木	11.00	28.65	5.00	8.00	通直	开张	一般	根系较发达
44	黄钟花	灌木	2.57	7.37	2.25	0.30	直	伞形	密	根系不发达
45	苦楝	乔木	8.50	23.59	6.13	1.88	直	扁圆	密	深根系，根系发达
46	腊肠树	乔木	6.57	20.94	4.64	1.83	直	伞形	疏	根系一般
47	蓝花楹	乔木	8.50	28.00	6.25	2.84	弯曲	伞形	疏	根系较发达
48	老人葵	乔木	12.71	32.83	3.59	10.06	通直	开张	一般	根系一般
49	荔枝	乔木	6.47	31.64	5.50	1.13	直	扁圆	浓密	中根性，根系发达
50	莲雾	乔木	7.43	24.56	4.23	1.32	直	扁圆	浓密	根系较发达
51	柳叶榕	乔木	7.20	23.60	4.57	1.67	直	圆柱	浓密	根系发达
52	龙眼	乔木	6.50	29.64	4.50	0.89	直	扁圆	浓密	中根性，根系发达
53	窿缘桉	乔木	12.00	45.00	6.50	6.00	直	扇形	一般	根系较发达
54	罗汉松	乔木	3.85	7.56	1.40	2.00	直	圆锥	密	根系发达
55	落羽杉	乔木	11.71	17.13	3.32	3.17	通直	圆锥	一般	根系发达
56	麻楝	乔木	7.84	25.58	4.87	1.89	通直	伞形	密	根系较发达
57	猫尾木	乔木	8.45	20.19	4.32	1.54	通直	伞形	密	根系较发达
58	美丽异木棉	乔木	7.46	36.36	4.18	2.87	通直	伞形	一般	根系一般
59	美丽针葵	小乔木	3.30	14.26	3.10	1.40	通直	开张	密	根系一般
60	面包树	乔木	5.50	18.65	2.98	1.87	通直	扇形	密	深根系，根系发达
61	莫氏榄仁	乔木	7.67	22.12	4.89	1.92	通直	扇形	密	根系发达
62	木麻黄	乔木	11.83	35.23	5.67	2.67	通直	伞形	浓密	根系发达
63	木棉	乔木	11.76	31.32	5.50	5.34	通直	圆锥	一般	根系较发达
64	南洋楹	乔木	16.87	41.76	10.62	3.12	直	扁圆	一般	根系较发达
65	苹婆	乔木	7.23	22.43	4.76	1.23	直	圆柱	浓密	根系较发达
66	菩提榕	乔木	10.59	30.87	5.67	2.43	通直	伞形	浓密	根系发达
67	蒲葵	乔木	5.50	21.00	4.32	2.53	通直	开张	一般	根系一般
68	蒲桃	乔木	6.89	24.44	4.99	2.14	直	伞形	浓密	根系发达
69	朴树	乔木	8.76	28.63	5.78	1.98	直	扁圆	浓密	根系较发达
70	秋枫	乔木	7.15	25.54	4.39	2.09	通直	伞形	浓密	根系深且发达
71	人面子	乔木	8.45	26.87	5.25	2.76	通直	伞形	浓密	根系发达
72	三角椰子	乔木	6.36	32.14	4.36	2.69	通直	开张	一般	根系发达
73	散尾葵	小乔木	5.69	16.85	5.19	2.23	弯曲	开张	一般	根系发达
74	石栗	乔木	6.54	23.14	4.50	2.14	直	伞形	一般	根系发达
75	水黄皮	乔木	6.12	16.62	4.32	0.86	直	扁圆	密	根系较发达
76	水石榕	小乔木	5.50	15.00	5.50	0.98	直	扇形	一般	根系发达
77	水松	乔木	10.12	30.43	3.65	2.76	通直	圆锥	密	根系发达
78	水翁	乔木	8.67	27.54	5.32	1.42	直	伞形	密	根系较发达

（续）

序号	种 名	树木类型	平均树高（m）	平均胸径（cm）	平均冠幅（m）	平均枝下高（m）	干型通直度	冠形	叶层状况	根系状况
79	复羽叶栾树	乔木	7.89	25.65	4.50	2.00	直	扁圆	密	根系较发达
80	台湾相思	乔木	9.13	32.89	5.67	4.89	通直	伞形	浓密	根系较发达
81	糖胶树	乔木	10.35	33.98	5.32	2.43	通直	圆锥	疏	根系较发达
82	铁刀木	乔木	7.75	24.00	5.56	2.07	直	扇形	浓密	根系较发达
83	铁冬青	乔木	8.56	26.45	5.74	1.65	直	扁圆	密	根系较发达
84	五桠果	乔木	7.65	25.43	4.24	1.87	通直	伞形	密	根系较发达
85	五月茶	乔木	8.39	24.56	4.43	2.05	通直	伞形	浓密	根系较发达
86	香樟	乔木	7.82	26.54	4.89	2.43	直	扁圆	浓密	根系发达
87	象腿树	小乔木	4.15	26.65	3.58	2.30	直	开张	密	根系发达
88	橡胶榕	乔木	10.00	43.50	11.43	2.50	分枝多	伞形	浓密	根系发达
89	小叶榄仁	乔木	8.75	27.50	5.87	2.80	通直	圆锥	一般	根系较发达
90	小叶榕	乔木	10.72	42.56	8.24	2.51	分枝多	扁圆	浓密	根系发达
91	椰子	乔木	8.60	26.87	3.45	5.60	弯曲	开张	一般	根系较发达
92	异叶南洋杉	乔木	10.25	24.58	4.26	2.79	通直	圆锥	一般	根系较发达
93	阴香	乔木	7.98	26.97	5.50	1.70	通直	扁圆	浓密	根系发达
94	银海枣	乔木	6.85	30.69	4.14	3.83	通直	开张	密	根系一般
95	油棕	乔木	8.19	30.00	4.30	5.89	通直	开张	密	根系较发达
96	鱼木	小乔木	6.35	20.72	3.87	1.45	直	伞形	一般	根系较发达
97	爪哇木棉	乔木	12.43	41.45	6.21	3.80	通直	伞形	密	根系较发达
98	中国无忧花	乔木	7.71	25.86	4.87	1.81	直	扁圆	浓密	根系一般
99	紫花风铃木	乔木	6.83	18.66	3.55	1.79	直	伞形	一般	根系不发达
100	印度紫檀	乔木	8.97	27.30	5.51	2.29	直	扁圆	密	根系较发达

深圳市道路绿地50种常见园林植物形态学指标

序号	种 名	树木类型	平均树高（m）	平均胸径（cm）	平均冠幅（m）	平均枝下高（m）	干型通直度	冠形	叶层状况	根系状况
1	澳洲火焰木	乔木	7.12	25.78	4.32	2.02	通直	伞形	密	根系一般
2	白兰	乔木	8.87	26.98	5.32	2.08	通直	伞形	浓密	根系不发达
3	扁桃	乔木	7.82	23.87	5.65	1.65	通直	伞形	浓密	根系发达
4	波罗蜜	乔木	7.87	26.54	5.76	1.96	通直	伞形	浓密	根系发达
5	垂叶榕	乔木	10.57	35.87	5.64	1.87	不明显	扁圆	浓密	深根系且发达
6	刺桐	乔木	5.32	21.67	4.65	1.42	分枝多	扁圆	一般	根系一般
7	大腹木棉	乔木	8.62	28.81	4.32	1.83	通直	圆锥	一般	根系一般
8	大花紫薇	乔木	6.28	22.87	5.55	1.76	直	扁圆	密	根系较发达
9	大王椰	乔木	12.56	39.77	5.16	9.56	通直	开张	一般	根系较发达
10	非洲楝	乔木	11.76	30.71	7.63	2.86	直	扁圆	浓密	根系较发达
11	凤凰木	乔木	8.25	32.73	7.86	1.72	直	伞形	密	根系浅但发达
12	复羽叶栾树	乔木	7.63	25.87	4.53	2.35	直	扁圆	密	根系发达
13	高山榕	乔木	9.56	36.72	6.52	2.54	通直	伞形	浓密	深根系，根系发达

（续）

序号	种 名	树木类型	平均树高（m）	平均胸径（cm）	平均冠幅（m）	平均枝下高（m）	干型通直度	冠形	叶层状况	根系状况
14	海南菜豆树	乔木	7.63	23.75	4.38	2.76	直	圆锥	密	根系发达
15	海南红豆	乔木	6.63	25.76	4.76	2.13	直	伞形	密	根系一般
16	海南蒲桃	乔木	8.98	31.27	5.18	2.22	直	扁圆	浓密	根系较发达
17	红花羊蹄甲	乔木	7.53	23.45	4.76	1.93	直	扁圆	密	根系一般
18	狐尾椰	乔木	8.63	28.72	3.31	6.24	通直	开张	密	根系较发达
19	大叶榕	乔木	8.92	32.61	6.25	2.51	直	扁圆	密	深根系，根系发达
20	黄花风铃木	乔木	6.45	20.28	4.87	1.98	直	伞形	一般	根系不发达
21	黄槐	小乔木	5.42	17.53	3.65	1.43	通直	伞形	一般	根系不发达
22	黄槿	小乔木	5.87	21.87	5.68	1.55	直	扁圆	密	根系较浅
23	火焰木	乔木	7.37	24.89	4.34	1.58	通直	伞形	密	根系一般
24	假槟榔	乔木	11.35	21.89	4.89	9.72	通直	开张	一般	根系较发达
25	尖叶杜英	乔木	7.63	24.37	5.78	2.12	直	圆锥	一般	根系发达
26	麻楝	乔木	7.66	26.62	5.01	2.12	通直	伞形	密	根系较发达
27	杧果	乔木	8.45	27.87	5.56	1.82	通直	伞形	浓密	根系发达
28	美丽异木棉	乔木	8.02	35.89	5.21	1.75	通直	伞形	一般	疏根型，根系一般
29	美丽针葵	小乔木	3.72	15.89	3,87	1.37	通直	开张	密	根系一般
30	莫氏榄仁	乔木	7.65	22.81	4.72	2.32	通直	扇形	密	根系发达
31	木麻黄	乔木	10.32	32.81	6.26	2.76	通直	伞形	浓密	根系发达
32	木棉	乔木	9.27	28.81	5.38	4.95	通直	圆锥	一般	根系较发达
33	南洋楹	乔木	15.21	35.78	10.13	3.12	直	扁圆	一般	根系较发达
34	菩提榕	乔木	9.45	27.89	5.65	2.25	通直	伞形	浓密	根系发达
35	蒲葵	乔木	5.47	20.67	4.56	2.41	通直	开张	一般	根系一般
36	秋枫	乔木	7.87	26.53	4.87	2.17	通直	伞形	浓密	根系深且发达
37	人面子	乔木	8.37	24.71	5.48	2.18	通直	伞形	浓密	根系发达
38	水翁	乔木	7.76	26.76	5.76	1.87	直	伞形	密	根系较发达
39	糖胶树	乔木	9.28	30.28	5.72	2.98	通直	圆锥	疏	根系较发达
40	铁刀木	乔木	7.65	25.98	4.98	1.95	直	扇形	浓密	根系较发达
41	铁冬青	乔木	7.42	25.87	4.78	1.82	直	扁圆	密	根系较发达
42	五桠果	乔木	6.00	20.78	4.59	1.65	通直	圆锥	密	根系较发达
43	香樟	乔木	7.32	24.32	5.02	1.82	直	扁圆	浓密	根系发达
44	橡胶榕	乔木	9.29	40.28	9.45	2.43	分枝多	伞形	浓密	根系发达
45	小叶榄仁	乔木	7.77	25.50	4.88	2.61	通直	圆锥	一般	根系较发达
46	小叶榕	乔木	10.72	41.28	8.55	2.76	分枝多	扁圆	浓密	根系发达
47	羊蹄甲	乔木	6.54	20.27	4.32	1.65	弯曲	伞形	一般	根系较发达
48	阴香	乔木	7.88	25.72	4.55	1.92	通直	扁圆	浓密	根系发达
49	银海枣	乔木	6.54	30.52	4.44	3.76	通直	开张	密	根系一般
50	紫花风铃木	乔木	6.54	19.37	3.87	1.67	直	伞形	一般	根系不发达

深圳市居住区50种常见园林植物形态学指标

序号	种名	树木类型	平均树高（m）	平均胸径（cm）	平均冠幅（m）	平均枝下高（m）	干型通直度	冠形	叶层状况	根系状况
1	大花紫薇	乔木	6.57	19.84	5.67	1.89	直	扁圆	密	根系较发达
2	澳洲鸭脚木	小乔木	4.84	7.29	1.01	3.54	直	扁圆	疏	根系一般
3	白兰	乔木	8.76	24.89	4.58	1.82	通直	伞形	浓密	根系不发达
4	波罗蜜	乔木	8.56	27.82	5.82	2.30	通直	伞形	浓密	根系发达
5	大王椰	乔木	11.56	37.65	4.87	8.84	通直	开张	一般	根系较发达
6	吊瓜树	乔木	8.56	28.76	7.88	2.59	通直	伞形	密	根系较发达
7	盾柱木	乔木	8.65	27.76	5.54	2.16	直	扁圆	一般	根系较发达
8	凤凰木	乔木	7.56	29.83	6.72	1.77	直	伞形	密	根系浅但发达
9	宫粉羊蹄甲	乔木	6.76	22.75	4.67	1.64	弯曲	伞形	一般	根系浅不发达
10	四季桂	小乔木	3.85	15.65	3.75	0.75	不明显	扁圆	一般	根系较发达
11	海红豆	乔木	6.78	25.76	4.57	2.38	直	伞形	密	根系较发达
12	海南红豆	乔木	7.23	24.38	4.62	2.61	直	伞形	密	根系一般
13	海南蒲桃	乔木	9.21	30.55	5.48	2.87	直	扁圆	浓密	根系较发达
14	红花羊蹄甲	乔木	6.21	20.89	3.72	1.63	直	扁圆	密	根系一般
15	蝴蝶果	乔木	6.78	19.78	4.01	1.25	通直	伞形	浓密	根系一般
16	黄槐	小乔木	5.76	18.73	3.21	1.52	通直	伞形	一般	根系不发达
17	黄槿	小乔木	5.45	23.67	6.53	1.67	直	扁圆	密	根系较浅
18	黄皮	小乔木	5.89	19.83	4.38	1.42	不明显	伞形	密	根系较发达
19	鸡蛋花	小乔木	3.65	13.76	3.89	0.56	分枝多	扁圆	一般	根系不发达
20	加拿利海枣	乔木	8.76	36.78	4.38	5.19	通直	开张	一般	根系发达
21	假槟榔	乔木	12.78	22.78	3.28	10.67	通直	开张	一般	根系较发达
22	尖叶杜英	乔木	8.34	26.78	5.48	2.64	直	圆锥	一般	根系发达
23	锦叶榄仁	乔木	7.62	20.18	4.87	2.34	通直	圆锥	一般	根系较发达
24	苦楝	乔木	7.76	23.78	6.13	1.89	直	扁圆	密	深根系，根系发达
25	蓝花楹	乔木	9.37	27.78	6.21	2.65	弯曲	伞形	疏	根系较发达
26	老人葵	乔木	11.23	30.28	4.32	9.78	通直	开张	一般	根系一般
27	荔枝	乔木	6.57	27.37	5.43	1.42	直	扁圆	浓密	中根性，根系发达
28	莲雾	乔木	7.86	25.73	4.78	1.85	直	扁圆	浓密	根系较发达
29	龙眼	乔木	6.42	25.87	5.43	1.23	直	扁圆	浓密	中根性，根系发达
30	杧果	乔木	8.12	27.21	5.23	1.56	通直	伞形	浓密	根系发达
31	美丽针葵	小乔木	3.56	16.76	3.65	1.86	通直	开张	密	根系一般
32	木棉	乔木	9.82	29.62	5.53	4.48	通直	圆锥	一般	根系较发达
33	南洋楹	乔木	10.67	36.87	6.34	2.56	直	扁圆	一般	根系较发达
34	蒲桃	乔木	6.56	25.67	4.32	1.65	直	伞形	浓密	根系发达
35	朴树	乔木	7.83	26.78	5.12	1.72	直	扁圆	浓密	根系较发达
36	秋枫	乔木	7.23	24.36	4.67	2.12	通直	伞形	浓密	根系深且发达
37	人面子	乔木	7.25	23.73	4.76	1.89	通直	伞形	浓密	根系发达
38	人心果	乔木	5.89	19.89	3.87	1.23	通直	圆柱	浓密	根系一般
39	散尾葵	小乔木	4.11	15.47	4.53	2.94	弯曲	开张	一般	根系发达
40	珊瑚树	灌木	2.87	8.27	3.17	0.87	不明显	伞形	密	根系一般
41	五月茶	乔木	7.98	26.37	4.89	2.65	通直	伞形	浓密	根系较发达

（续）

序号	种 名	树木类型	平均树高（m）	平均胸径（cm）	平均冠幅（m）	平均枝下高（m）	干型通直度	冠形	叶层状况	根系状况
42	香樟	乔木	7.65	25.52	4.65	2.54	直	扁圆	浓密	根系发达
43	小叶榄仁	乔木	8.32	26.37	5.25	2.98	通直	圆锥	一般	根系较发达
44	小叶榕	乔木	9.78	36.72	7.73	2.32	分枝多	扁圆	浓密	根系发达
45	洋红风铃木	乔木	6.88	21.39	4.28	1.77	直	密	一般	根系发达
46	异叶南洋杉	乔木	8.37	23.88	4.28	2.53	通直	圆锥	一般	根系较发达
47	银海枣	乔木	6.87	28.98	4.76	4.32	通直	开张	密	根系一般
48	柚	乔木	6.62	26.87	3.87	2.22	通直	圆柱	密	根系发达
49	鱼木	小乔木	6.21	19.88	3.99	1.67	直	伞形	一般	根系较发达
50	竹柏	乔木	8.32	27.83	4.76	2.44	通直	圆锥	一般	根系较发达

台风对园林树木的损害情况

▲图1 红花羊蹄甲、铁刀木折断严重

▲图2 人面子倒伏

▲图3 大树主枝折断一

▲图4 大树主干折断二

▲图5 小叶榕倒伏

▲图6 垂叶榕受损严重

台风对市政设施及人民财产的损害情况

▲图1 倒伏树木损坏公交站牌

▲图2 倒伏树木损坏共享单车

▲图3 树木倒伏损坏车辆一

▲图4 树木倒伏损坏车辆二

▲图5 主枝折断损坏车辆一

▲图6 主枝折断损坏车辆二

台风灾后应急抢险

▲图1 扶正倒伏树木

▲图2 应急救灾一

▲图3 应急救灾二

▲图4 清理断枝

▲图5 清理受灾树木一

▲图6 清理受灾树木二

▲图7 清理受灾树木三

▲图8 通宵达旦进行灾后抢险一

▲图9 通宵达旦进行灾后抢险二

▲图10 通宵达旦进行灾后抢险三

图书在版编目（CIP）数据

华南园林树木抗台风策略研究 / 深圳文科园林股份有限公司编著. -- 北京：中国林业出版社，2019.10

ISBN 978-7-5219-0317-1

Ⅰ.①华... Ⅱ.①深... Ⅲ.①园林树木－台风灾害－灾害防治－研究－华南地区 Ⅳ.①S68

中国版本图书馆CIP数据核字(2019)第235495号

主　　编：郑建汀

执行主编：高育慧

副主编：孙　潜　鄢春梅　宫彦章

编　　委（按姓氏拼音排序）：

曹华英　陈浩锐　陈　庆　董丽芬　段治锋　贺苏丹　侯妍君　胡文辉　李军娟　李晓花

林瑞君　刘天翔　刘　挺　刘小芳　毛君竹　彭春燕　丘启亮　申凯歌　沈　劼　宋欣燚

孙　林　孙艳青　田　雪　吴壁锋　喻　东　张凯华　郑茂贺　郑卫国　周文君　莊秋敏

中国林业出版社

责任编辑：李　顺　陈　慧

出版咨询：(010) 83143569

出　版：中国林业出版社（100009 北京西城区德内大街刘海胡同7号）

网　站：http://www.forestry.gov.cn/lycb.html

印　刷：固安县京平诚乾印刷有限公司

发　行：中国林业出版社

电　话：(010) 83143500

版　次：2019年10月第1版

印　次：2019年10月第1次

开　本：787mm×1092mm　1 / 16

印　张：8

字　数：250千字

定　价：128.00元